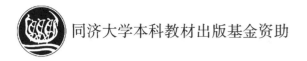同济大学本科教材出版基金资助

风景园林植物学(下)

张德顺　芦建国　编著

同济大学 出版社
TONGJI UNIVERSITY PRESS

图书在版编目(CIP)数据

风景园林植物学.下 / 张德顺,芦建国编著. -- 上
海:同济大学出版社,2018.5
　ISBN 978-7-5608-7814-0

　Ⅰ.①风… Ⅱ.①张… ②芦… Ⅲ.①园林植物—
植物学 Ⅳ.①S68

中国版本图书馆 CIP 数据核字(2018)第 075902 号

风景园林植物学(下)

张德顺　芦建国　编著

责任编辑 吕　炜　　**责任校对** 徐春莲　　**封面设计** 潘向蓁

出版发行	同济大学出版社　　www.tongjipress.com.cn	
	(地址:上海市四平路 1239 号　邮编:200092　电话:021-65985622)	
经　销	全国各地新华书店	
排　版	南京月叶图文制作有限公司	
印　刷	常熟市大宏印刷有限公司	
开　本	787 mm×1092 mm　1/16	
印　张	12.5	
字　数	312 000	
版　次	2018 年 5 月第 1 版　　2020 年 8 月第 2 次印刷	
书　号	ISBN 978-7-5608-7814-0	

定　价　45.00 元

参编人员名单

主　编

张德顺　芦建国

副主编

胡立辉　李秀芬

编　委

张祥永	丁松丽	蔡志红	王　振	刘　鸣
李科科	张建锋	李东明	杨　韬	刘进华
彭雨晴	章丽耀	刘晓萍	吴　雪	张百川
夏　雯	景　蕾	马建平	王维霞	王留剑
吕　良	谢　璕	宋奎银	谯正林	

内 容 简 介

　　《风景园林植物学》分为上下两册。上册主要讲述风景园林植物学的总论部分，包括绪论、风景园林植物的分类与器官、植物与环境的关系，以及植物、景观营造与表现等章节。下册部分为植物各论，包括乔木、灌木、藤本、棕榈类、竹类等木本园林植物与水生、球根、宿根、一二年生草本植物等。

　　本书主要具有以下特色：

　　1. 面向应用的植物分类

　　植物的一级分类以植物应用为导向，按照植物的应用特点分为大乔木、中乔木、小乔木，大灌木、低矮灌木，藤本植物，棕榈类植物，竹类植物，一二年生植物，宿根植物，球根植物，草坪地被植物，水生、湿生植物等。

　　2. 突出专业特色的植物描述

　　目前工科院校所使用的植物教材多与农林院校相差无几，难以突出专业优势，学生和教师亟需具有针对性、专业性的园林植物与应用教材。本教材以此诉求为目标，加强在规划设计中的植物使用，在植物描述中着重细化植物形态特征，增加园林用途、文化内涵、相似种类等知识点，删减植物栽培、繁育等内容。

　　3. 图文并茂，增加辨识度

　　植物各论采用植物科学画，从植物全貌到枝、叶、花、果特征全面展示植物形态，并选取典型的植物应用形式进行说明，增加植物认知的准确性和实用性。

　　与现有的国内同类书相比，本书在总论部分增加了植物学基本概念，补充基础知识，从实际应用出发，采用与以往不同的分类方式，因此本书不仅是内容翔实的教科书，还是简明实用的工具书。本书注重知识点的更新，紧贴近年新优植物的繁育与引种驯化工作的成果，收录了大量新优种类，保持内容与时俱进，旨在为风景园林学的学科发展贡献力量。

　　注：本书按 APG 分类系统分类，未涉及部分按《中国植物志》确定科属。

主 编 简 介

张德顺

    同济大学建筑与城市规划学院—高密度人居环境生态与节能教育部重点实验室教授,博士生导师,德国德累斯顿大学客座教授,IUCN-SSC专家,中国植物学会理事,上海市植物学会副理事长,中国风景园林学会园林植物与古树名木专业委员会副主任,全国城镇风景园林标准化技术委员会委员。曾任济南市园林局科教处处长、上海市农委城填规划处副处长兼农产品质量认证中心副主任、上海市园林科研所所长,园林杂志主编,辰山植物园副主任等职务。

    主要研究方向为园林植物设计、生态与园林规划、气候变化景观应对、园林小气候调控规划、风景旅游区规划,城市生态基础设施规划等。先后出访30多个国家和地区参加学术交流,与德国共同组建的气候变化景观应对实验室成为风景园林人才教育和研究的重要平台。

    在国内外期刊上发表论文220余篇,出版专著4本,主持国际合作项目1项、国家自然科学基金2项,参加国家自然科学基金重点项目1项、面上项目1项、国家重点研发项目1项。主持规划设计建设的项目主要有济南市植物园、海南省三亚南山佛教文化区、济南红叶谷生态文化旅游区和广西凭祥友谊镇平而口岸控制性详细规划等。

    讲授的主要课程有"园林植物与应用""园林植物景观学原理与方法""生态规划与种植设计",以及全英文课程"植物景观规划原理与方法(Planning Principles and Design Methods of Landscaper Plants)"等。其中,"园林植物与应用"课程列入同济大学本科卓越课程,成为建筑与城市规划学院选修人数最多的课程之一。"植物景观规划原理与方法"列入上海高校外国留学生英语授课示范课程。

芦建国

    南京林业大学教授,园林植物研究所所长,硕士生导师。40年来一直从事园林专业教学、科研和管理工作,先后为本科生、硕士研究生和博士研究生主讲"风景园林植物学""园林植物学""观赏植物与应用""园林植物栽培""园林苗圃学""花卉学""盆景学""插花艺术""草坪学""现代园林科技发展""园林植物规划与设计""园林植物配置与造景"等十几门课程。主编《花卉学》《种植设计》等10多部教材和著作。在国内学术刊物上发表论文80多篇。主持参与科研项目和科技服务项目40多项。主要从事园林植物分类、造景、栽培及园林工程管理等方面的研究。获奖教学科研成果20多项,其中"花卉学"于2004年获江苏省精品课程,"高速公路排水防护工程及环境美化设计研究"于2004年获江苏省科技进步二等奖,"园林专业人才培养模式的探索与实践"于2005年获国家级教学成果二等奖。

目　录

木 本 综 合

1 苏铁（凤尾蕉、凤尾松、铁树、辟火蕉）
Cycas revoluta

科属：苏铁科　苏铁属。

株高形态：小乔木，树干高 2～5 m。树形为棕榈状。

识别特征：常绿乔木。羽状叶，轮廓呈倒卵状狭披针形，两侧有齿状刺，边缘显著反卷，凹槽内有稍隆起的中脉，两侧有疏柔毛或无毛。雄球花圆柱形，花药通常 3 个聚生；大孢子叶密生淡黄色或淡灰黄色绒毛，胚珠 2～6 枚，有绒毛。种子卵形而微扁，色彩呈红褐色或橘红色。花期 6—8 月，种子 9—10 月成熟。

生态习性：慢生树。浅根性树种。喜光，喜温暖湿润气候，不耐严寒，温度低于 0℃易受害。喜肥沃湿润和微酸性的土壤。

园林用途：苏铁树形古朴雅致，主干粗壮，坚硬如铁；羽叶洁滑光亮，四季常青；作为世界上古老的物种之一，在中国民俗文化中"铁树开花"是幸福、吉祥、富贵的象征。为优美、珍贵且有文化内涵的观赏树种，南方地区宜植于花坛、草坪内或庭前阶旁，北方地区宜作大型盆栽，布置庭院屋廊及厅室装饰。

相近种、变种及品种：篦齿苏铁、华南苏铁、攀枝花苏铁。

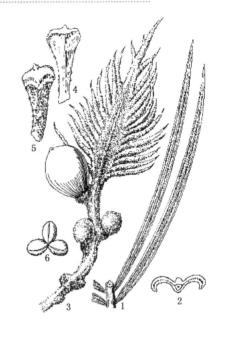

1. 羽片叶的一段；2. 羽状裂片的横切面；3. 大孢子叶及种子；4,5. 小孢子叶的背、腹面；6. 花药

2 银杏（白果、公孙树、鸭脚子、鸭掌树）
Ginkgo biloba

科属：银杏科　银杏属。

株高形态：大乔木，树干高达 40 m，胸径可达 3 m。树冠广卵形，青壮年期树冠圆锥形。

识别特征：落叶乔木。叶互生，在长枝上辐射状散生，在短枝上 3～5 枚成簇生状，有细长的叶柄，扇形，两面淡绿色，在宽阔的顶缘多少具缺刻或 2 裂，具多数叉状并列细脉。雌雄异株。种子核果状，具长梗；假种皮肉质，被白粉，成熟时淡黄色或橙黄色。花期 3—4 月，种子 9—10 月成熟。

生态习性：慢生树。深根性树种，寿命极长，可达 1 000 年以上。喜光树种，喜湿润而又排水良好的深厚砂质壤土。

园林用途：银杏树干端直，树姿雄伟壮丽，叶形、色秀美，寿命长且少病虫害，最适宜作庭荫树、行道树或独赏树。作为中国特有树种和自古以来习用的绿化树种，最常见的配置方式是在寺庙殿前左右对植，故在各地寺庙中常见参天的古银杏。

相近种、变种及品种：垂枝银杏、塔形银杏、斑叶银杏、黄叶银杏、裂叶银杏、叶籽银杏。

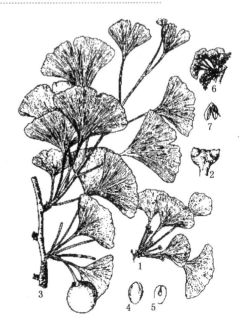

1. 雌球花枝；2. 雌球花上端；3. 长短枝及种子；4. 去外种皮种子；5. 去外、中种皮种子的纵剖面；6. 雄球花枝；7. 雌蕊

3 华山松（五叶松、白松、五须松、青松）
Pinus armandii

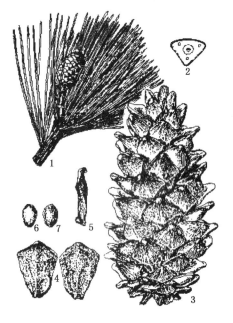

科属：松科　松属。

株高形态：大乔木。树干高达 35 m，胸径 1 m。树冠广圆锥形。

识别特征：常绿乔木。幼树树皮灰绿色或淡灰色；平滑，老则呈灰色，裂成方形或长方形厚块片固着于树干上，或脱落。针叶 5 针一束，质柔软，边缘有细锯齿。雄球花黄色，卵状圆柱形。球果圆锥状长卵形。种鳞鳞盾三角形，熟时为黄或黄褐色。花期 4—5 月，球果第二年 9—10 月成熟。

生态习性：中生树。浅根性树种。在阴坡生长较好，喜气候温凉而湿润、疏松的中性或微酸性壤土。

园林用途：华山松高大挺拔，冠形优美，针叶苍翠，生长速度较快，是优良的园林绿化树种。可丛植、林植作为园景树、庭荫树、行道树及林带树，同时也是高山风景区之优良风景林树种。

相近种、变种及品种：台湾果松。

1. 雌球花枝；2. 叶横剖；3. 球果；
4，5. 种鳞背腹、侧面；6，7. 种子

4 白皮松（白骨松、三针松、白果松、虎皮松）
Pinus bungeana

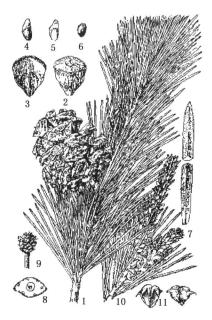

科属：松科　松属。

株高形态：大乔木，高达 30 m，胸径 1～3 m。树冠呈宽塔形至伞形。

识别特征：常绿乔木。有明显的主干，或从树干近基部分成数干。幼树树皮光滑，灰绿色；长大后树皮成不规则的薄块片脱落，新皮淡黄绿色，老树皮呈乳白色。针叶 3 针一束，粗硬，叶背及腹面两侧均有气孔线，先端尖，边缘有细锯齿。雄球花卵圆形或椭圆形，聚生于新枝基部呈穗状。球果小，成熟前淡绿色，熟时淡黄褐色，卵圆形；种鳞矩圆状宽楔形，先端厚，鳞盾。花期 4—5 月，球果第二年 10—11 月成熟。

生态习性：慢生树。深根性树种。喜光树种，耐瘠薄土壤及较干冷的气候；在气候温凉、土层深厚、肥润的钙质土和黄土上生长良好。

园林用途：白皮松树姿优美，树皮白色或褐白相间、针叶短粗靓丽，是中国特有的、优良的庭园树种。孤植、列植均具有较高的观赏价值。自古就常被应用在宫廷、寺院和名园中。

相近种、变种及品种：西藏白皮松。

1. 球果枝；2，3. 种鳞；4. 种子；5. 种翅；
6. 去翅种子；7，8. 针叶及横剖；9. 雌球花；
10. 雄球花枝；11. 雌蕊背腹面

5 **湿地松**

Pinus elliottii

科属：松科 松属。

株高形态：大乔木，在原产地高达 30～36 m，胸径 0.9 m。树冠广卵形。

识别特征：常绿乔木。树干通直。树皮不规则块状开裂，呈灰褐色或暗红褐色，纵裂成鳞状块片剥落。针叶 2～3 针一束并存，刚硬，深绿色，有气孔线，边缘有锯齿。球果圆锥形或窄卵圆形，有梗种鳞的鳞盾近斜方形，肥厚，有锐横脊，鳞脐瘤状，先端急尖；种子卵圆形，黑色，有灰色斑点。

生态习性：速生树。深根性树种。原产于美国东南部暖带潮湿的低海拔地区，长江流域引种栽培。喜夏雨冬旱，对温度适应性较强，适生于低山丘陵地带，耐水湿，不易受松毛虫危害。

园林用途：湿地松苍劲而速生，适应性强，材质好，松脂产量高。中国已引种驯化成功达数十年，故在长江以南的园林和自然风景区中作为重要树种应用。可作庭园树丛植、群植，宜植于河岸池边。

相近种、变种及品种：北美短叶松、赤松、火炬松。

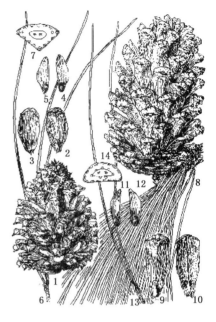

火炬松：1.球果；2，3.种鳞背腹面；
　　　　4，5.种子背腹面；6.一束针叶；
　　　　7.针叶的横切面；
湿地松：8.球果枝；9，10.种鳞背腹面；
　　　　11，12.种子背腹面；13.一束针叶；
　　　　14.针叶的横切面

6 **日本五针松**（日本五须松、五钗松、五针松）

Pinus parviflora

科属：松科 松属。

株高形态：大乔木，高 10～30 m，胸径 1 m。树冠圆锥形。

识别特征：常绿乔木。幼树树皮淡灰色，平滑，大树树皮暗灰色，裂成鳞状块片脱落。一年生枝密生淡黄色柔毛。针叶 5 针一束，微弯曲，边缘具细锯齿，背面暗绿色，无气孔线，腹面每侧有 3～6 条灰白色气孔线。球果卵圆形或卵状椭圆形，种子为不规则倒卵圆形，近褐色，具黑色斑纹。

生态习性：慢生树。深根性树种。原产日本，我国长江流域各大城市及山东青岛等地已普遍引种栽培。喜光，稍耐阴，喜生于土层深厚、排水良好的地方，在过于阴湿的环境生长不良。

园林用途：日本五针松枝叶浓密，树形优美，最宜与假山石配置，形成优美园景，或配以牡丹、杜鹃、梅、红枫等作庭园树，亦可作盆景用。

相近种、变种及品种：大阪松。

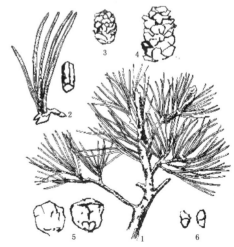

1.雌球花枝；2.一束针叶及剖面；
3.雌花；4.球果；5.种鳞；6.种子

7 黑松（日本黑松、白芽松）
Pinus thunbergii

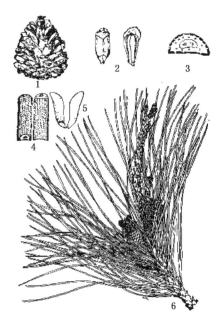

1. 球果；2. 种鳞背、腹面；3. 叶横剖面；
4. 叶纵剖面；5. 种子背、腹面；6. 生殖枝

科属：松科　松属。

株高形态：大乔木，高达 30 m，胸径可达 2 m。树冠宽圆锥状或伞形。

识别特征：常绿乔木。干皮黑灰色。一年生枝淡褐黄色，无毛；冬芽银白色，圆柱状。针叶 2 针一束，深绿色，有光泽，粗硬，边缘有细锯齿，背腹面均有气孔线。雄球花淡红褐色，圆柱形；雌球花单生或2～3 个聚生于新枝近顶端，卵圆形，淡紫红色或淡褐红色。球果圆锥状卵圆形或卵圆形。种子倒卵状椭圆形。花期 4—5 月，种子第二年 10 月成熟。

生态习性：慢生树。喜光，耐干旱瘠薄，不耐水涝，不耐寒。宜在土层深厚、土质疏松且含有腐殖质的砂质土壤处生长。因其耐海雾、抗海风，也可在海滩盐土地方生长。抗病虫，寿命长。

园林用途：著名的海岸绿化树种，可用作防风、防潮、防沙林带及海滨浴场附近的风景林、行道树和庭荫树，也可作庭园观赏树种，亦可密植成高篱，环于建筑外围，起防护美化的作用。

相近种、变种及品种：黄松、马尾松。

8 雪松（香柏）
Cedrus deodara

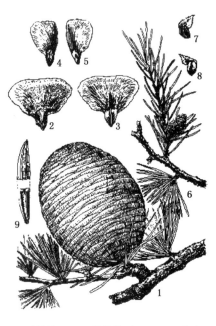

1. 球果枝；2，3. 种鳞背、腹面；4，5. 种子；
6. 雄球花枝；7，8. 雌蕊；9. 叶

科属：松科　雪松属。

株高形态：大乔木，高达 50～72 m，胸径可达3 m。树冠圆锥形。

识别特征：常绿乔木。大枝平展，小枝落下垂。叶针形，坚硬，淡绿色或深绿色，在长枝上散生，短枝上簇生。雄球花长卵圆形或椭圆状卵圆形；雌球花卵圆形。球果红褐色、卵圆形或宽椭圆形；中部种鳞扇状倒三角形；苞鳞短小；种子近三角状，种翅宽大。花期 10—11 月，球果翌年 9—10 月成熟。

生态习性：浅根性树种。喜光，喜温暖湿润气候，适宜于深厚、肥沃、疏松、排水良好的微酸性土壤上生长；稍耐阴，不耐水湿，抗寒。抗风性弱，不耐烟尘，对 SO_2 极为敏感。

园林用途：雪松终年常绿，树形美观，宜孤植于草坪、花坛中央、建筑前庭中心；丛植草坪边缘；对植于建筑物两侧及园门入口处，或列植于干道、甬道两侧，极为壮观。为普遍栽培的庭园树。

相近种、变种及品种：北非雪松。

9 罗汉松（罗汉杉、土杉）
Podocarpus macrophyllus

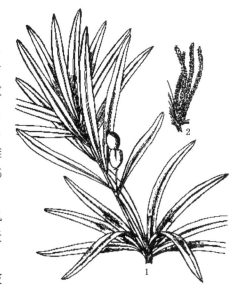

科属：罗汉松科 罗汉松属。

株高形态：大乔木,株高 20 m,胸径达 0.6 m。树冠广卵形。

识别特征：常绿乔木。树皮灰色或灰褐色,浅纵裂,成薄片状脱落;枝开展或斜展,较密。叶螺旋状着生,叶线状披针形,微弯,全缘,有明显中肋,先端尖,基部楔形,上面深绿色,有光泽,中脉显著隆起,下面白色、灰绿色或淡绿色。雄球花穗状、腋生,常 3～5 个簇生于极短的总梗上;雌球花单生叶腋,有梗。雌雄异株。种子卵圆形,着生于肥大肉质的紫色种托上。花期 4—5 月,种子 8—11 月成熟。

生态习性：慢生树。中性偏阴性树种,能接受较强光照,也能在较荫的环境下生长。寿命长。喜欢温暖湿润的气候和肥沃沙质土壤。不耐严寒,低于零度易冻伤。树枝柔韧,抗风性强。

园林用途：罗汉松树形古雅,种柄与种子组合奇特,犹如披着袈裟的罗汉,颇具奇趣。宜对植、孤植于厅堂之前,或与假山、湖石进行组合;因其叶小枝密,可作盆栽或绿篱用。

相近种、变种及品种：狭叶罗汉松、柱冠罗汉松。

1. 种枝；2. 雄球花枝

10 水杉
Metasequoia glyptostroboides

科属：柏科 水杉属。

株高形态：大乔木,高达 35 m,胸径达 2.5 m。树冠圆锥形。

识别特征：落叶乔木。树干基部常膨大;树皮灰色或灰褐色。大枝不规则轮生,小枝对生,平展。叶交互对生,扁线形,柔软,冬季与小枝俱落。球果下垂,果鳞交互对生。种子扁平,倒卵形。花期 2 月,果 11 月成熟。

生态习性：速生树。强阳性植物。喜温暖的气候和湿润肥沃、土层深厚、排水良好的酸性土壤。不耐干旱贫瘠和水涝,具有一定的抗寒性。

园林用途：水杉树干通直挺拔,树冠呈圆锥形,姿态优美,枝叶繁茂,叶色翠绿,入秋后叶色金黄,常作庭院观赏树。可用于公园、庭院、草坪绿地中的孤植、列植,也可成片列植。水杉生长迅速,是郊区、风景区绿化的重要树种;材质淡红褐色,轻软、美观,可作为建筑板料及室内装饰材料。

相近种、变种及品种：巨杉、加州红木。

1. 球果枝；2. 种子；3. 雄球花；
4. 雄球花枝；5. 球果；6. 雄蕊背面

11 柳杉（长叶柳杉、木沙椤树、孔雀松）

Cryptomeria japonica var. sinensis

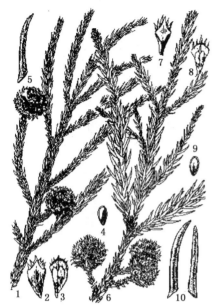

柳杉：1. 球果枝；2. 种鳞背面及苞鳞上部；
3. 种鳞腹面；4. 种子；5. 叶；
日本柳杉：6. 球果枝；7. 种鳞背面及苞鳞上部；
8. 种鳞腹面；9. 种子；10. 叶

科属：柏科　柳杉属。

株高形态：大乔木，高达 40 m，胸径可达 2 m 多。树冠塔圆锥形。

识别特征：常绿乔木。树皮红棕色，纤维状，裂成长条片脱落。大枝近轮生，平展或斜展；小枝细长，常下垂，绿色，枝条中部的叶较长，常向两端逐渐变短。果枝的叶通常较短。雄球花单生叶腋，长椭圆形，集生于小枝上部，成短穗状花序；雌球花顶生于短枝上。球果圆球形或扁球形。种子褐色，近椭圆形，扁平。花期 4 月，球果 10—11 月成熟。

生态习性：浅根性树种。喜温暖湿润的气候和土壤酸性、肥厚而排水良好的山地，生长较快；在寒凉较干、土层瘠薄的地方生长不良。对 SO_2、Cl_2、HF 具有较好的抗性。

园林用途：柳杉树干通直，树形圆整而高大，树姿秀丽雄伟，最适宜作孤植、对植，也可作群植，是良好的绿化和环保树种。

相近种、变种及品种：日本柳杉。

12 水松

Glyptostrobus pensilis

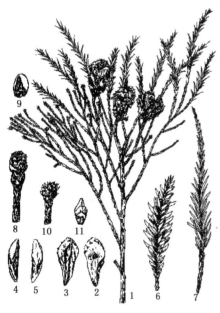

1. 球果枝；2. 种鳞背面及苞鳞先端；3. 种鳞腹面；4、5. 种子背腹面；6. 着生条状钻形叶的小枝；7. 着生条状钻形叶（上部）及鳞形叶（下部）的小枝；8. 雄球花枝；9. 雌蕊；10. 雌球花枝；11. 珠鳞及胚珠

科属：柏科　水松属。

株高形态：小乔木，高 6～8 m，稀高达 25 m。树冠圆锥形。

识别特征：落叶乔木。树干基部膨大成柱槽状，并且有伸出土面或水面的吸收根，树干有扭纹，树皮褐色或灰白色而带褐色，纵裂成不规则的长条片。枝条稀疏，大枝近平展，小枝绿色。叶均螺旋状互生，但针状叶常为二列状。雌雄同株。球果倒卵圆形，种鳞木质，扁平，倒卵形。种子椭圆形，稍扁，褐色，基部有尾状长翅。花期 1—2 月，球果 10—11 月成熟。

生态习性：喜光树种，喜温暖湿润的气候及水湿的环境。根系发达，不耐低温。对土壤的适应性较强，除盐碱土之外，在其他各种土壤上均能生长，以水分较多的冲渍土上生长最好。

园林用途：水松树形优美，大枝平展，树冠卵形，春叶鲜绿色，入秋后转为红褐色，根系发达并有奇特的藤状根，故有较高的观赏价值。适用于公共区域的园林绿化，尤宜于低湿地成片造林；宜于边湖畔绿化使用，也可作庭园树种。

相近种、变种及品种：我国特有树种。

13 池杉（池柏、沼杉、沼落羽松）

Taxodium distichum var. imbriantum

科属：柏科　落羽杉属。

株高形态：大乔木,在原产地高达 25 m。树冠尖塔形。

识别特征：落叶乔木。树干基部膨大,通常有屈膝状的呼吸根(低湿地生长尤为显著);树皮褐色,纵裂,成长条片脱落。枝条向上伸展,树冠较窄,呈尖塔形。叶钻形,微内曲,在枝上螺旋状伸展,基部下延,向上渐窄,先端有渐尖的锐尖头,下面有棱脊,上面中脉微隆起,每边有 2～4 条气孔线。球果圆球形或矩圆状球形,有短梗,向下斜垂,熟时褐黄色。种鳞木质,盾形。种子不规则三角形,微扁,红褐色。花期 3—4 月,球果 10 月成熟。

生态习性：速生树。强阳性,耐涝旱,不耐阴。喜温暖湿润气候和深厚疏松的酸性土壤。抗风能力强。

园林用途：池杉树形优美,枝叶秀丽,秋叶棕褐色,是观赏价值很高的景观树种。宜于水滨湿地成片栽植,宜作为园景树孤植或丛植;可用为低湿地的造林树种。

相近种、变种及品种：锥叶池杉、线叶池杉、羽叶池杉。

池杉:1. 小枝及叶;2. 小枝与叶的一段
落羽杉:3. 球果枝;4. 叶鳞顶部;5. 种鳞侧面

14 落羽杉（落羽松）

Taxodium distichum

科属：柏科　落羽杉属。

株高形态：大乔木,在原产地高达 50 m,胸径可达 2～3 m。幼树树冠圆锥形,老则呈宽圆锥状。

识别特征：落叶乔木。树干尖削度大,干基通常膨大,常有屈膝状的呼吸根。树皮棕色,裂成长条片脱落。枝条水平开展。叶条形,扁平,基部扭转在小枝上列成二列,羽状。雄球花卵圆形。球果球形或卵圆形,有短梗,向下斜垂,熟时淡褐黄色,有白粉。种鳞木质,盾形,顶部有明显或微明显的纵槽;种子不规则三角形,褐色。花期 5 月,球果次年 10—11 月成熟。

生态习性：强喜光树种。喜暖热湿润气候,耐水湿,能生于沼泽地上。土壤以湿润而富含腐殖质为最好,抗风性强。

园林用途：落羽杉树形整齐美观,近羽毛状的叶丛极为秀丽,秋季叶色变为古铜色且落叶较晚,是良好的秋色叶树种。既可做道路、庭院绿化树种,也适于水旁配置。我国江南低湿地区常用来造林或作庭园树。

相近种、变种及品种：中山杉。

9

15 侧柏（黄柏、香柏、扁柏、扁桧、香树）

Platycladus orientalis

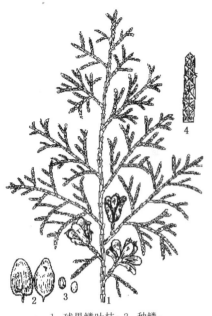

1. 球果鳞叶枝；2. 种鳞；
3. 种子；4. 鳞叶枝

科属：柏科　侧柏属。

株高形态：大乔木，高达 20 余米，胸径 1 m。幼树树冠卵状尖塔形，成年则为广圆形。

识别特征：常绿乔木。树皮薄，浅灰褐色，纵裂成条片。枝条向上直展或斜展，扁平，排成一平面。叶对生，鳞形，先端微钝。雄球花黄色，卵圆形；雌球花近球形，蓝绿色，被白粉。球果近卵圆形，成熟后木质，开裂，红褐色。种子卵圆形或近椭圆形，灰褐色或紫褐色，稍有棱脊。花期 3—4 月，球果 10 月成熟。

生态习性：中生树。浅根性树种。喜光，幼时稍耐阴，适应性强，对土壤要求不严。耐干旱瘠薄，萌芽能力强，耐寒力中等，耐高温，抗风能力较弱。

园林用途：侧柏夏绿冬青，枝干苍劲，树姿优美，寿命极长，较少有病虫害，对污浊空气具有很强的耐力，是中国应用最广泛的园林树种之一。自古以来常栽植于寺庙、陵墓地和庭园中。在现代园林设计中可孤植、对植或丛植于绿地；小苗可做绿篱。

相近种、变种及品种：千头柏、扫帚柏、金黄球柏、金塔柏。

16 圆柏（桧柏、刺柏、红心柏、珍珠柏）

Juniperus chinensis

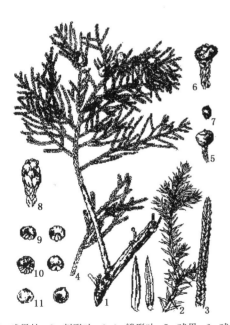

1. 球果枝；2. 刺形叶；3, 4. 鳞形叶；5. 球果；6. 球果（开裂）；7. 种子；8. 雄球花；9—11. 雄蕊各面观

科属：柏科　刺柏属。

株高形态：大乔木，高达 20 m，胸径达 3.5 m。树冠圆锥形。

识别特征：常绿乔木。树皮灰褐色，纵裂成不规则的薄片脱落。叶二型，即刺叶及鳞叶：刺叶生于幼树之上，老龄树则全为鳞叶，壮龄树兼有刺叶与鳞叶。雌雄异株，稀同株，雄球花黄色，椭圆形。球果近圆球形，两年成熟，熟时暗褐色，被白粉或白粉脱落。种子卵圆形，顶端钝。花期 4 月，果实翌年 11 月成熟。

生态习性：中生树。深根性树种。喜光但耐阴性极强。喜温凉、温暖气候及湿润土壤。对 Cl_2、HF 和 SO_2 等多种有害气体有一定抗性。

园林用途：幼龄树树冠圆锥形，树形端正、优美；老树干枝扭曲，"清""奇""古""怪"，可以独树成景，是中国传统庭院不可缺少的景观树种。宜与中国古典建筑相配合；可群植于草坪边缘做景观背景。

相近种、变种及品种：垂枝圆柏、龙柏、金球桧、塔柏。

17 **刺柏**（台湾柏、璎珞柏、刺松、矮柏木、山刺柏）

Juniperus formosana

科属：柏科　刺柏属。

株高形态：小乔木,高可达 12 m,胸径 2.5 m。树冠窄塔形。

识别特征：常绿乔木。树皮灰褐色。小枝下垂,常有棱脊。冬芽显著。叶全为刺形,3 叶轮生,基部有关节,不下延,条状披针形。球花单生叶腋。球果近球形或宽卵圆形,淡红色或淡红褐色,有白粉;种子通常 3 粒,半月形,无翅,有 3～4 棱脊。

生态习性：速生树。浅根性树种。喜光,耐旱,在干旱沙地、在肥沃通透性土壤及石灰质土壤生长最好,喜温暖多雨气候。

园林用途：刺柏树形优美,环境适应性强,抗逆性强,有良好的空气净化、改善小气候与降低噪音的性能,可用于城乡绿化。刺柏是海岸庭园树种之一,同时也广泛应用于盆景制作。

相近种、变种及品种：欧洲刺柏、杜松、西伯利亚刺柏。

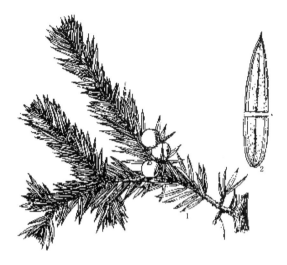

1. 果枝;2. 刺叶

18 **铺地刺柏**（铺地柏、偃柏、矮桧、匍地柏）

Juniperus procumbens

科属：柏科　刺柏属。

株高形态：小灌木,高 75 cm。侧卧型、悬崖型树冠,伏地生长。

识别特征：常绿匍匐灌木,枝干贴近地面伸展,褐色,小枝端上升。叶均为刺形叶,先端尖锐,3 枚轮生,灰绿色,上面凹,表面有 2 条白色气孔带,基部有 2 个白粉气孔,顶端有角质锐尖头,背面沿中脉有纵槽。球果具 2～3 种子,近球形,被白粉,成熟时黑色。

生态习性：速生树。浅根性树种,侧根发达。喜光,稍耐阴,耐寒。适于滨海湿润气候。喜石灰质的肥沃土壤。

园林用途：铺地刺柏为城市绿化中的常用植物。

1. 树枝;2. 球果枝

可植于庭院、台坡上,或门廊两侧,枝叶翠绿,蜿蜒匍匐,颇为美观;可丛植于窗下、门旁,极具点缀效果;可配置于岩石园或草坪角隅;与洒金柏配置于草坪、花坛、山石、林下,可增加绿化层次;是缓土坡的良好地被植物;经常盆栽观赏。

相近种、变种及品种：圆柏、垂枝柏、密枝圆柏、垂枝香柏。

19 柏木（香扁柏、垂丝柏、黄柏、扫帚柏、柏香树）

Cupressus funebris

1. 球果枝；2. 小枝；3. 雄蕊背面；4. 雄蕊腹面；
   5. 雌球花；6. 球果；7. 种子

科属：柏科　柏木属。

株高形态：大乔木,高 35 m,胸径 2 m。树冠卵形。

识别特征：常绿乔木。小枝细长,下垂,扁平,排成一平面。鳞叶二型,先端锐尖,中央之叶的背部有条状腺点,两侧的叶对折,背部有棱脊。雌雄同株,球花单生于小枝顶端。球果翌年夏季成熟,球形,熟时褐色;种鳞四对,木质,楯形。花期 3—5 月,球果次年 5—6 月成熟。

生态习性：速生树。浅根性树种,侧根发达。寿命长。喜温暖,湿润,需光照才能生长,但也能耐阴,耐寒,耐干,也稍耐湿。适应性强,中性、微酸性等土壤均能生长。

园林用途：柏木四季常绿,枝叶浓密,树冠整齐,树姿优美;品性斗寒傲雪、坚毅挺拔,乃为百木之长,素为正气、高尚、长寿、不朽的象征,是中国园林中常用的绿化及观赏树种。宜群植成林或列植成甬道,形成柏木森森的景色。可用于建筑前、公园、陵墓、古迹和自然风景区等。

相近种、变种及品种：岷江柏木、干香柏、巨柏、西藏柏木。

20 红豆杉（观音杉、红豆树）

Taxus chinensis

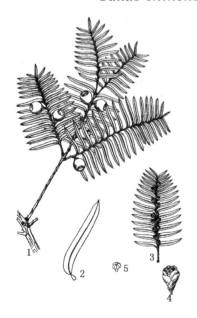

1. 种子枝；2. 叶；3. 雄球花枝；
   4. 雄球花；5. 雄蕊；

科属：红豆杉科　红豆杉属。

株高形态：大乔木高 30 m,干径达 1 m。树冠风致形。

识别特征：常绿乔木。树皮褐色,裂成条片状脱落。叶螺旋状互生,基部扭转排成二列,条形,通常微弯边缘微曲,先端渐尖或微急尖,叶背有两条宽灰绿色或黄绿色气孔带。雌雄异株;球花单生叶腋。种子扁卵圆形,生于红色肉质的杯状假种皮中,种脐卵圆形。花期 2—3 月,果熟期 10—11 月。

生态习性：慢生树。浅根性树种。喜阴,耐旱,适宜温度 20～25℃,适合沙质土壤。

园林用途：红豆杉树形美丽,成熟期时红色的果实与绿色的茎叶相映成趣,是一种具有观茎、观枝、观叶、观果等多重观赏价值的园林树种。具有净化室内空气的作用。可丛植或林植作为庭院树,也可制作盆景。

相近种、变种及品种：南方红豆杉、欧洲红豆杉、东北红豆杉、曼地亚红豆杉、西藏红豆杉、云南红豆杉。

21 榧树(香榧、榧、野杉、玉榧、栾泡榧、米榧、圆榧)

Torreya grandis

科属：红豆杉科　榧树属。

株高形态：大乔木,树高达 25～30 m,胸径 1 m。树冠伞形、馒头形。

识别特征：常绿乔木。树皮灰黄色纵裂。大枝轮生,小枝对生。叶条形,直而不弯基部圆形,先端突尖,成刺状短尖头,上面有绿色而有光泽,中脉不明显。种子长圆形,次年 10 月左右成熟。

生态习性：慢生树种。浅根性树种。较喜光,耐阴,不耐寒。喜温暖湿润气候,喜酸性而肥厚的土壤,忌积水,病害少,抗烟尘。

园林用途：榧树树冠整齐,枝叶繁密。大树适合孤植,用于庭荫树;可与山茶、石榴等花灌木配置做背景树;也可丛植于大门入口、建筑物周围、草坪边缘等,起到绿化、美化的作用。

相近种、变种及品种：巴山榧树、长叶榧树、日本榧树、云南榧树。

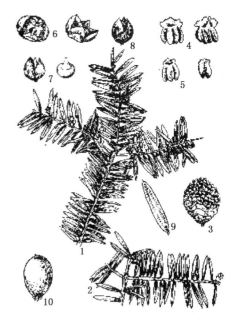

1. 雄球花枝;2. 枝叶;3. 雄球花;
4,5. 雄蕊;6—8. 雌球花及胚珠;
9. 叶;10. 种子

22 鹅掌楸(马褂木)

Liriodendron chinense

科属：木兰科　鹅掌楸属。

株高形态：大乔木,高达 40 米,胸径 1 米以上。树冠圆锥形。

识别特征：落叶乔木。树皮灰褐色,粗糙不开裂。叶片马褂状,中部每边有一宽裂片,基部每边也常具一裂片,叶下面密生白粉状的乳头状突起。花单生于枝顶,杯状;花被片外面的绿色,内面的黄色;雄蕊和心皮多数,覆瓦状排列。聚合果纺锤形,长 7～9 cm,由具翅的小坚果组成,每一小坚果内有种子 1～2 颗。

生态习性：速生树。深根性树种。喜温暖湿润气候及深厚肥沃的酸性土壤;喜光,耐寒性不强。

园林用途：鹅掌楸树形端正雄伟,叶形奇特,秋色叶树种,花大而美丽,对有害气体抵抗性强,是世界珍贵的园林树种之一。城市中极佳的行道树、庭荫树种。可丛植、列植或片植于草坪、公园入口处,能创造独特的景观效果。为工矿区绿化的优良树种之一。

相近种、变种及品种：北美鹅掌楸、杂交鹅掌楸。

1. 果枝;2. 花;3. 雄蕊;4. 雌蕊群;
5. 具翅小坚果

23 **广玉兰**(大花玉兰、荷花玉兰、四手辛夷)

Magnolia grandiflora

1. 花枝；2. 聚合果；3. 种子

科属：木兰科　木兰属。

株高形态：大乔木，高 30 m。树冠阔圆锥形。

识别特征：常绿乔木。树皮淡褐色或灰色，薄鳞片状开裂；小枝、芽、叶下面、叶柄均密被褐色短绒毛。叶厚革质，椭圆形，先端钝或短钝尖，基部楔形，叶面深绿色，有光泽；叶柄无托叶痕，具深沟。花白色，有芳香；花被片 9～12，厚肉质，倒卵形。聚合果圆柱状长圆形或卵圆形，密被褐色或淡灰黄色绒毛；蓇葖背裂；种子近卵圆形或卵形，外种皮红色。花期 5—6 月，果期 9—10 月。

生态习性：中生树。深根性树种。喜光，喜温暖湿润气候，有一定耐寒力。适生于肥沃、湿润与排水良好的微酸性或中性土壤，否则易发生黄化，忌积水。

园林用途：广玉兰叶片厚有光泽，花大而香，果实美观，树姿雄伟壮丽。可孤植、对植或丛植、群植配置，也可作行道树。由于其树冠庞大，花开于枝顶，最宜单植在宽广开旷的草坪上，也可配置成观花的树丛，不宜植于狭小的庭院内。

相近种、变种及品种：玉兰、山玉兰、望春玉兰、荷花玉兰。

24 **乐昌含笑**(南方白兰花、广东含笑、景烈白兰、景烈含笑)

Michelia chapensis

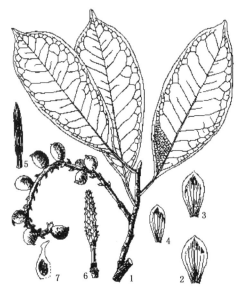

1. 球果枝；2. 刺形叶；3,4. 鳞形叶；
5. 球果；6. 球果(开裂)；7. 种子；

科属：木兰科　含笑属。

株高形态：大乔木，高 15～30 m，胸径 1 m。树冠圆锥形。

识别特征：常绿乔木。树皮灰色至深褐色，小枝无毛，幼时节上有毛。叶薄革质，倒卵形至长圆状倒卵形，先端短尾尖，基部楔形，上面深绿色，有光泽；叶柄无托叶痕。花梗具 2～5 苞片脱落痕；花被片淡黄色，6 片，芳香，2 轮。种子红色，卵形或长圆状卵圆形。花期 3—4 月，果期 8—9 月。

生态习性：速生树。深根性树种。喜温暖湿润的气候，抗高温，也能耐寒。喜光，苗期喜阴，喜深厚、疏松、肥沃、排水良好的酸性至微碱性土壤。

园林用途：乐昌含笑树形壮丽，树干通直，枝叶稠密，四季深绿。花期长，花白色，既多又芳香。庭园布置中孤植、列植或群植均有良好的景观效果。部分地区可用作风景树、行道树使用。

相近种、变种及品种：白兰花、狭叶含笑、台湾含笑。

25 含笑花（含笑）

Michelia figo

科属：木兰科　含笑属。

株高形态：大灌木，高2～3 m。

识别特征：常绿灌木。树皮灰褐色，分枝繁密。芽、嫩枝、叶柄、花梗均密被黄褐色绒毛。叶革质，狭椭圆形或倒卵状椭圆形。花直立，淡黄色而边缘有时红色或紫色，具甜浓的水果芳香，花被片6片，4—6月开放，肉质，较肥厚，长椭圆形。聚合果长2～3.5 cm；蓇葖卵圆形或球形，顶端有短尖的喙。

生态习性：喜半阴，忌强烈阳光直射。不甚耐寒，不耐干燥瘠薄，也怕积水，喜肥沃且排水良好的微酸性土壤。

园林用途：因开放时含蕾不尽开，故得名"含笑"。著名香花观赏植物，适于在花园、小型游园或街道上成丛种植，可配置于草坪边缘或稀疏林丛中。因其芳香浓烈，中型盆栽可陈设于庭院较大空间，但不适于陈设小空间。花有水果甜香，除供观赏外，花瓣可拌入茶叶制成花茶，亦可提取芳香油和供药用。

相近种、变种及品种：深山含笑、乐昌含笑。

1. 果枝；2. 花

26 深山含笑（光叶白兰花）

Michelia maudiae

科属：木兰科　含笑属。

株高形态：大乔木，高达20 m，树冠圆锥形。

识别特征：常绿乔木。树皮薄、浅灰色或灰褐色；芽、嫩枝、叶下面、苞片均被白粉。叶革质，长圆状椭圆形，上面深绿色，有光泽，下面灰绿色，被白粉。花芳香，花被片9片，纯白色，基部稍呈淡红色，外轮倒卵形，顶端具短急尖。聚合果，蓇葖长圆体形、倒卵圆形、卵圆形、顶端圆钝或具短突尖头。种子红色，斜卵圆形。2—3月开花，果期9—10月。

生态习性：速生树。喜温暖、湿润环境，有一定耐寒能力。根系发达且萌芽力强，生长快速，适应性强。喜深厚肥沃的酸性砂质土。

园林用途：深山含笑树形优美，枝叶茂盛，四季常绿，早春满树花朵洁白如玉，映掩在绿叶中，格外清新，芳香宜人，花期长，且种植3年即可开花，为优良的庭荫树及行道树。

相近种、变种及品种：含笑花、乐昌含笑。

1. 花枝；2. 果枝

15

27 二乔玉兰（朱砂玉兰）
Yulania soulangeana

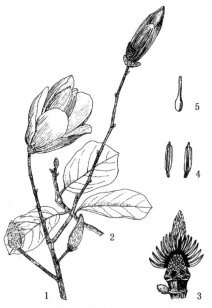

1. 花枝；2. 枝叶；3. 雌雄蕊群；
   4. 雄蕊；5. 雌蕊

科属：木兰科　玉兰属。

株高形态：小乔木，高7～9 m，树冠卵形。

识别特征：落叶乔木或灌木。叶纸质，倒卵形，上面基部中脉常残留有毛，下面多少被柔毛。花蕾卵圆形，花先叶开放，浅红色至深红色，花被片6～9片，外轮3片，花被片常较短，约为内轮长的2/3。聚合果长约8 cm，直径约3 cm；蓇葖卵圆形或倒卵圆形，熟时黑色，具白色皮孔。种子深褐色，卵圆形，侧扁。花期2—3月，果期9—10月。

生态习性：喜阳光及湿润气候，有一定抗低温、抗旱能力，难移植。对温度敏感，花期变化大。喜肥沃、排水良好而带微酸性的砂质土壤，弱碱性土壤亦可生长。对有害气体的抗性较强。

园林用途：二乔玉兰花大且颜色艳丽，具有一定芳香，观赏价值高，是优秀的城市绿化树种。宜孤植或对植应用于庭院、公园等处。

相近种、变种及品种：玉兰、紫玉兰、星花玉兰。

28 玉兰（白玉兰、望春花、木花树）
Yulania denudata

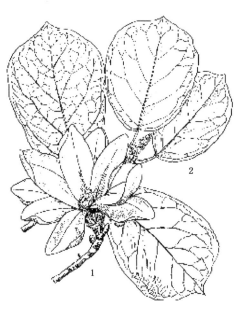

1. 花枝；2. 枝叶

科属：木兰科　玉兰属。

株高形态：大乔木。高可达15 m，胸径可达1 m。树冠卵形或近球形。

识别特征：落叶乔木。树皮深灰色，粗糙开裂；冬芽及花梗密被淡灰黄色长绢毛。叶纸质，倒卵形，叶上深绿色。花蕾卵圆形，花先叶开放，直立，芳香；花被片9片，白色，基部常带粉红色，长圆状倒卵形。聚合果圆柱形；蓇葖厚木质，褐色；种子心形，侧扁。3—4月开花，果9—10月成熟。

生态习性：喜光，较耐寒，可露地越冬。耐干燥，栽植地渍水易烂根。喜微酸性的砂质土壤，在弱碱性的土壤上亦可生长。对有害气体的抗性较强，可作防污染树种。

园林用途：玉兰在早春时白花满树，芳香动人，在我国栽培历史悠久，为驰名中外的庭园观赏树种。中国传统的宅院植物配置"玉堂春富贵"，其中的"玉"，即为玉兰。常以丛植的方式与草坪或针叶树组合，给人以春光明媚的意境。

相近种、变种及品种：紫玉兰、二乔玉兰、星花玉兰。

29 紫玉兰（木兰、辛夷）
Yulania liliflora

科属：木兰科　玉兰属。

株高形态：大灌木，高达3～5 m，常丛生。

识别特征：落叶灌木。树皮灰褐色，小枝绿紫色或淡褐紫色。叶椭圆状倒卵形或倒卵形，深绿色。花蕾卵圆形，被淡黄色绢毛；花叶同时开放，稍有香气；花被片9～12片，外轮3片萼片状，紫绿色披针形，常早落，内两轮肉质，外面紫色或紫红色，内面带白色，花瓣状，椭圆状倒卵形。聚合果深紫褐色，变褐色，圆柱形；成熟蓇葖近圆球形，顶端具短喙。3—4月前开花。

生态习性：喜温暖湿润和阳光充足的环境，较耐寒，但不耐旱和盐碱，喜肥沃且排水良好的沙壤土。

园林用途：紫玉兰早春花色艳丽，树姿优美，在我国栽培历史悠久，与玉兰同为驰名中外的庭园观赏树种。孤植或丛植均十分美观，适于孤植于庭园室前或丛植于草地边缘。

相近种、变种及品种：玉兰、二乔玉兰、星花玉兰。

1. 花枝；2. 果枝；3. 雌蕊群；
4. 雌雄蕊群；5. 雄蕊

30 星花玉兰（日本毛木兰）
Yulania stellata

科属：木兰科　玉兰属。

株高形态：小乔木，高可达6 m，枝繁密，灌木状。

识别特征：落叶多分枝乔木。树皮灰褐色，当年生小枝绿色，密被白色绢状毛，两年生枝褐色。叶倒卵状长圆形，有时倒披针形；基部渐狭窄楔形，上面深绿色，无毛，下面浅绿色；中脉及叶柄被柔毛。花蕾卵圆形，密被淡黄色长毛；花先叶开放，直立，芳香；外轮萼状花被片披针形，早落；内数轮瓣状花被片12～45片，狭长圆状倒卵形，白色至紫红色。聚合果仅部分心皮发育而扭转。

生态习性：喜阳光充足，温暖湿润的环境，耐风寒，耐碱性土壤。喜肥沃且排水良好的土壤。

园林用途：星花玉兰株姿优美，花色多变，白色至紫红色。花香淡雅，观赏价值高，是一种颇具发展前景的城市园林观赏树种，常用于庭院、公共绿地等处。

相近种、变种及品种：玉兰、紫玉兰、二乔玉兰。

1. 花枝；2. 枝叶

蜡梅（黄梅花、香梅）

Chimonanthus praecox

1. 花枝；2. 果枝；3. 花纵面；
4. 花图式；5. 去花瓣的花；
6. 雄蕊；7. 聚合果；8. 果

科属：蜡梅科　蜡梅属。

株高形态：大灌木，高达 4 m。

识别特征：落叶灌木，丛生。幼枝四方形，老枝近圆柱形，灰褐色，无毛或被疏微毛，有皮孔。叶半革质，卵圆形、椭圆形、宽椭圆形至卵状椭圆形。先花后叶，芳香；花被片长圆形或匙形，无毛，内部花被片比外部花被片短，基部有爪。果托近木质化，坛状或倒卵状椭圆形。花期 12 月至次年 3 月，果 8 月成熟。

生态习性：喜阳光，较为耐寒，虽对土质要求较低，但是仍宜选湿润、深厚肥沃且排水良好的砂质土壤。生长势强，发枝力快且强。寿命长，可达百年。

园林用途：蜡梅寒冬开放，花期长且开花早，芳香美丽，是冬季重要的观赏花木。可配置于庭院内外；亦可作为盆景、瓶花、桩景来装饰室内空间。与南天竺、北美冬青组合可达到色、香、形俱佳的效果。

相近种、变种及品种：素心蜡梅、荷花蜡梅、磬口蜡梅。

樟（香樟）

Cinnamomum camphora

1. 花枝；2、3. 花及花纵剖；4. 第一、二
轮雄蕊；5. 第三轮雄蕊；6. 退化雄蕊；
7、8. 果及果纵剖；9. 果核及种子

科属：樟科　樟属。

株高形态：大乔木，高 20～30 m，胸径可达 5 m。树冠广卵形。

识别特征：常绿乔木。枝、叶及木材均有樟脑气味；树皮黄褐色，不规则纵裂。枝条圆柱形，淡褐色，无毛。叶互生，卵状椭圆形，全缘，软骨质，有时呈微波状，上面绿色或黄绿色，有光泽，下面黄绿色或灰绿色，晦暗，具离基三出脉。圆锥花序腋生，具梗。花绿白或带黄色，花被筒倒锥形，花被裂片椭圆形。果卵球形或近球形，紫黑色。花期 5 月，果 9—11 月成熟。

生态习性：中生树。深根性树种。寿命长，可达百年以上。喜温暖、湿润的气候和肥沃深厚的酸性或中性沙壤土，对有毒气体抗性较强。

园林用途：樟树四季常绿，枝叶浓密，冠大荫浓，树姿壮美，是优良的园林树种，可作行道树、庭荫树、风景林和防护林树种。宜丛植、群植或作为背景树配置于池畔、湖边、山坡、平地。孤植于空旷的草地，往往成为视觉的焦点。

相近种、变种及品种：芳樟、油樟、乌樟。

33 **天竺桂**（大叶天竺桂、竺香、山肉桂、土肉桂、土桂、山玉桂）

Cinnamomum japonicum

科属：樟科　樟属。

株高形态：大乔木，高 10～15 m，胸径 30～35 cm，树冠广卵形。

识别特征：常绿乔木。树皮呈灰褐色，平滑，小枝无毛。叶互生或近对生，椭圆状广披针形，先端尖或渐尖；离基三主脉近于平行，并在叶两面隆起，背面灰绿色，无毛。圆锥花序腋生，无毛，多花。果托边全缘或具浅圆齿。花期 4—5 月，果期 7—9 月。

生态习性：慢生树。深根性树种。幼年期耐阴。喜温暖湿润气候，在排水良好的微酸性土壤上生长最好。对 SO_2 抗性强。

园林用途：由于长势强，树冠扩展快，并能露地过冬，加上树姿优美，抗污染，观赏价值高，病虫害少等特点，天竺桂常被用作行道树或庭园树种，同时也用于造林。

相近种、变种及品种：浙江樟、软皮桂。

软皮桂：1. 花枝；
天竺桂：2. 果枝

34 **月桂**（月桂树、桂冠树、甜月桂、月桂冠）

Laurus nobilis

科属：樟科　月桂属。

株高形态：小乔木，高可达 12 m。树冠卵形。

识别特征：常绿乔木或灌木状。树皮黑褐色。小枝圆绿色，具纵纹，幼枝稍被微柔毛或近无毛。叶互生，革质，长圆形或长圆状披针形，基部楔形，两面无毛，边缘微波状，叶柄紫红色，稍被微柔毛或近无毛。花序总苞片近圆形；花序梗稍被微柔毛或近无毛。雄花花被两面被平伏柔毛，筒短，裂片宽倒卵形或近圆形。果卵球形，暗紫色。花期 3—5 月，果期 6—9 月。

生态习性：中生树。浅根性树种。喜光，稍耐阴。喜温暖湿润气候，耐寒性不强，也耐短期低温。宜深厚、肥沃、排水良好的壤土或沙壤土。不耐盐碱。怕涝，耐干旱。

园林用途：月桂树冠圆整，枝叶茂密，四季常绿，树姿优美，有浓郁香气，是良好的庭院绿化和绿篱树种，适于在庭院、建筑物前栽植。

相近种、变种及品种：金叶月桂。

1. 雄花枝；2，3. 伞形花序在苞片展开前后；
4. 雄花纵剖；5，6. 雌蕊；7. 雌花纵剖

35 舟山新木姜子（五爪楠、男刁樟、佛光树）
Neolitsea sericea

1. 幼枝；2. 花枝；3. 果枝；4. 果实

科属：樟科　新木姜子属。

株高形态：中乔木，高达 10 m，胸径达 0.3 m。树冠侧钟形。

识别特征：常绿乔木。树皮灰白色，平滑。嫩枝密被金黄色丝状柔毛，老枝紫褐色。叶互生，椭圆形至披针状椭圆形，革质。伞形花序簇生叶腋或枝侧，无总梗；每一花序有花 5 朵；花梗密被长柔毛；花被裂片，椭圆形；具退化雌蕊；子房卵圆形。果球形，果托浅盘状。花期 9—10 月，果期翌年 1—2 月。

生态习性：中生树。浅根性树种。耐阴树种，适于中亚热带沿海土层较厚、有机质含量高的岛屿、丘陵谷地区域生长。根基萌发力较强，根系发达，具有耐旱、抗风等特性。

园林用途：舟山新木姜子春天幼嫩枝叶密被金黄色绢状柔毛，在阳光照耀及微风的吹动下闪闪发光，俗称"佛光树"。冬季红果满枝，与绿叶相映，十分艳丽，是不可多得的观叶、观果树种，珍贵的庭园观赏树及行道树。

相近种、变种及品种：海南新木姜子、四川新木姜子。

36 凤尾丝兰（凤尾兰）
Yucca gloriosa

1. 花枝；2. 枝叶；3. 果实

科属：天门冬科　丝兰属。

株高形态：小灌木。树冠丛生型，可高达 1 m。

识别特征：常绿灌木，植株矮小。叶丛生，茎短，叶剑形、坚硬，密生成莲座状，有稀疏的丝状纤维，微灰绿色，顶端为坚硬的刺，呈暗红色。大型圆锥花序，花白色至乳黄色，顶端常带紫红色，下垂，钟形，花被 6 片，卵状菱形。花期 7—9 月。

生态习性：浅根性树种。喜光，喜温暖至高温湿润气候，耐寒，耐干旱，耐湿。在华北地区种植需稍加保护方能越冬。喜疏松、排水良好的砂质壤土。

园林用途：凤尾兰常年浓绿，数株成丛，高低不一，开花时花茎高耸挺立，繁多的白花下垂，姿态优美，既可观花，又可赏叶。生长势强健，栽培甚易。可布置在花坛中心、池畔、台坡和建筑物附近。由于其叶片尖部为硬刺，易伤人，不宜在庭园中种植。

相近种、变种及品种：丝兰、弯叶丝兰。

37 加纳利海枣（美丽针葵、长叶刺葵、加拿利刺葵、槟榔竹）

Phoenix canariensis

科属：棕榈科　刺葵属。

株高形态：大乔木，高可达 15 m。

识别特征：常绿乔木。茎秆粗壮。具波状叶痕，羽状复叶，顶生丛出，较密集，长可达 6 m，每叶有 100 多对小叶（复叶），小叶狭条形，近基部小叶成针刺状，基部由黄褐色网状纤维包裹。穗状花序腋生，长可至 1 m 以上；花小，黄褐色。浆果，卵状球形至长椭圆形，熟时黄色至淡红色。

生态习性：速生树。浅根性树种。性喜温暖湿润的环境，喜光又耐阴，抗寒、抗旱。生长适温 20～30℃，但有在更低温度下生存的记录。热带亚热带地区可露地栽培，在长江流域冬季需稍加遮盖，黄淮地区则需室内保温越冬。

园林用途：加纳利海枣植株高大雄伟，形态优美，耐寒耐旱，可孤植作景观树，或列植为行道树，也可三五株群植造景，乃街道绿化与庭园造景的常用树种。幼株可盆栽或桶栽观赏，用于布置节日花坛，效果极佳。

1. 植株；2. 花序；3. 果枝；4. 花枝

相近种、变种及品种：银海枣。

38 棕榈（棕树、山棕）

Trachycarpus fortunei

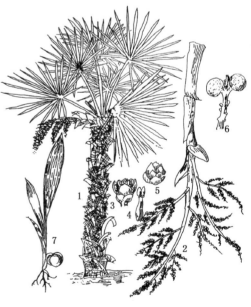

科属：棕榈科　棕榈属。

株高形态：大乔木，高 3～15 m，胸径 24 cm。

识别特征：常绿乔木，树干圆柱形，被不易脱落的老叶柄基部和密集的网状纤维。叶片呈 3/4 圆形或者近圆形，深裂成 30～50 片具皱折的线状剑形。叶柄长，两侧具细圆齿，顶端有明显的戟突。花序多次分枝，叶腋抽出。雌雄异株。花萼 3 片，花瓣阔卵形，雄蕊 6 枚，雌花序花淡绿色，通常 2～3 朵聚生。果实阔肾形，淡蓝色，有白粉。花期 4—5 月，果期 10—12 月。

生态习性：速生树。浅根性树种。喜温暖湿润的气候，不耐寒，大树极耐旱，不能抵受太大的日夜温差。喜光，稍耐阴。适生于排水良好、湿润肥沃的中性、石灰性或微酸性土壤，耐轻盐碱，也耐一定的干旱与水湿。抗大气污染能力强。

园林用途：棕榈挺拔秀丽，棕皮用途广泛，系园林结合生产的理想树种，又是工厂绿化优良树种。可列植、丛植或成片栽植，也常盆栽或桶栽，作室内或建筑前装饰及布置会场之用。

1. 树全形；2. 花序；3. 雄花；4. 雄蕊；5. 雄花；6. 果序一节及果；7. 幼苗

相近种、变种及品种：龙棕。

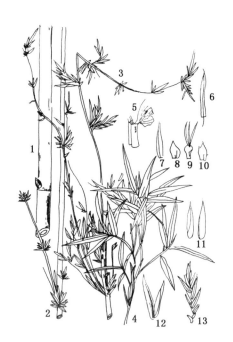

1. 秆之基部；2. 秆之一段,示节、节间及分枝；3. 秆之顶端；4. 花枝；5. 叶鞘顶端及叶片基部；6. 叶片顶端及基部；7. 外层苞片；8. 外稃；9. 内稃；10. 颖；11. 鳞被；12. 小花；13. 小穗

39 孝顺竹（凤尾竹、凤凰竹、蓬莱竹、慈孝竹）

Bambusa multiplex

科属： 禾本科　箣竹属。

株高形态： 小乔木型竹类,竿高4～7 m,直径1.5～2.5 cm。

识别特征： 竹秆丛生,幼秆稍有粉,节间上部有赭色或棕色刚毛。枝叶稠密纤细下弯。箨鞘薄革质、硬脆、淡棕色,无毛,无箨耳或箨耳很小、有纤毛。叶片线状披针形,质薄,表面深绿色,背面粉白色。笋期6—9月。

生态习性： 喜光,稍耐阴。喜温暖、湿润的环境,不甚耐寒。喜深厚肥沃、排水良好的酸性、微酸性或中性土壤。

园林用途： 孝顺竹竹竿丛生,四季青翠,姿态秀美,风姿秀雅,能给人以清新爽快之感,宜于宅院、草坪角隅、建筑物前或河岸种植,若配置于假山旁侧,则竹石相映,更富情趣。

相近种、变种及品种： 凤尾竹、花孝顺竹、观音竹。

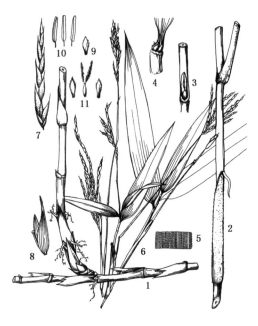

1. 地下茎及秆之基部；2. 秆之一段,示秆箨及分枝；3. 秆之一节,示秆芽；4. 叶鞘顶端及叶片基部；5. 叶片部分的放大；6. 花枝；7. 小穗；8. 小花；9. 鳞被；10. 雄蕊；11. 雌蕊

40 阔叶箬竹（寮竹、箬竹,壳箬竹）

Indocalamus latifolius

科属： 禾本科　箬竹属。

株高形态： 小灌木型竹类,秆高约1 m。

识别特征： 秆下部直径5～8 mm,节间长5～20 cm,微有毛。秆箨宿存,质坚硬,背部常有粗糙的棕紫色小刺毛,边缘内卷,箨舌截平,鞘口顶端有流苏状缘毛；箨叶小。每小枝具叶1～3片,叶片长椭圆形,表面无毛,背面灰白色,略生微毛,小横脉明显,边缘粗糙或一边近平滑。笋期4—5月。

生态习性： 较耐寒,喜湿耐旱,喜光,耐半荫。对土壤要求不严,在轻度盐碱土中也能正常生长,适应性强。多生于低山、丘陵向阳山坡和河岸。

园林用途： 阔叶箬竹植株低矮,叶宽大,常绿、姿态优美,是理想的园林绿化竹种。可丛植、片植于庭院、公共绿地等处；可与水竹、石竹等其他灌丛植被构建小径竹群系,也可植于河边护岸。

相近种、变种及品种： 髯毛箬竹、巴山箬竹、魅力箬竹、峨眉箬竹、广东箬竹。

41 紫竹(黑竹、乌竹)

Phyllostachys nigra

科属：禾本科　刚竹属。

株高形态：小乔木状竹类,秆高 3～10 m,直径 2～4 cm。

识别特征：新秆有细毛茸,绿色,老秆则变为棕紫色以至紫黑色。箨鞘淡玫瑰紫色,背部密生毛;箨耳镰形、紫色;箨舌长而隆起,捧叶三角状披针形,绿色至淡紫色。叶片 2～3 枚生于小枝顶端,叶鞘初被粗毛,叶片披针形,质地较薄。笋期 4—5 月。

生态习性：好光,喜凉爽,喜温暖湿润气候,耐寒性较强,耐－18℃低温。对土壤的要求不严,以土层深厚、肥沃、湿润而排水良好的酸性土壤最宜,过于干燥的沙荒石砾地、盐碱土或积水的洼地不能适应。北京公园内小气候适合条件下能露地栽植。

园林用途：紫竹竿紫黑,叶翠绿,颇具特色,常植于庭园观赏,与黄槽竹、金镶玉竹、斑竹等竿具色彩的竹种同栽于园中,以增添色彩变化。

相近种、变种及品种：淡竹(毛金竹)。

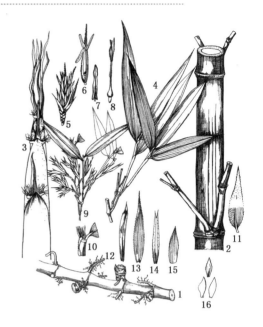

1. 地下茎；2. 秆之一段,示节、节间及分枝；3. 笋；4. 据叶小枝；5. 一枚花枝的放大；6. 小花；7. 雄蕊；8. 雌蕊；9. 花枝；10. 叶鞘顶端及叶片基部；11. 叶片顶端及基部；12. 外层苞片；13. 外稃；14. 内稃；15. 颖；16. 鳞被

42 茶竿竹(青篱竹、沙白竹)

Pseudosasa amabilis

科属：禾本科　矢竹属。

株高形态：小乔木状竹类,高 5～13 m,直径 2～6 cm。

识别特征：复轴混生。竿直立,圆筒形,幼时疏被棕色小刺毛,老则变为光滑无毛,橄榄绿色,具一层薄灰色蜡粉,竿壁较厚,坚硬,有韧性。竿每节分 1～3 枝暗棕色,革质、坚硬、质脆;箨片狭长三角形,直立,暗棕色。小枝顶端具 2 或 3 叶;叶片厚而坚韧,长披针形,上表面深绿色,下表面灰绿色,无毛。笋期 3—5 月,花期 5—11 月。

生态习性：喜土层深厚、肥沃、湿润而排水良好之酸性土或中性砂质壤土,能耐－12℃低温。

园林用途：茶竿竹主竿直而挺拔,庭院或公共绿地中成片、成丛种植以用于隔景或障景;或植于亭榭叠石之间、建筑前做点缀。

相近种、变种及品种：福建茶秆竹、厚粉茶竿竹。

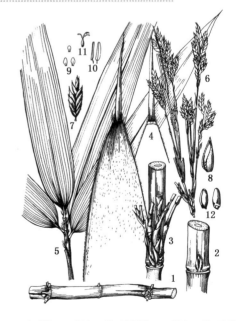

1. 地下茎；2. 秆之一节,示秆芽；3. 秆之一节,示分枝；4. 秆箨；5. 据叶小枝；6. 花枝；7. 小穗；8. 小花；9. 鳞被；10. 雄蕊；11. 雌蕊；12. 颖果

43 鹅毛竹

Shibataea chinensis

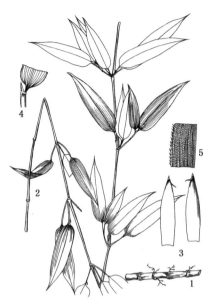

1. 地下茎；2. 植株的一部分；3. 秆箨；4. 叶鞘顶端及叶基部；5. 叶片近边缘的一部分（放大）

科属：禾本科　倭竹属。

株高形态：小灌木型竹类，植株高 60～100 cm，直径 2～3 mm。

识别特征：地被竹。竿直立。地下茎(竹鞭)呈棕黄色或淡黄色。竿每节分 3～5 枝，枝淡绿色并略带紫色，各枝与竿之腋间的先出叶膜质，迟落，无毛，边缘生纤毛，分枝基部留有枝箨，后者脱落性或迟落。箨片小，锥状；每枝仅具 1 叶，偶有 2 叶；叶常单生枝端，叶片卵装披针形形似鹅毛，无毛。笋期 5—6 月。

生态习性：生于山坡或林缘，亦可生于林下。管理粗放。喜温暖湿润气候，较耐阴。喜土层深厚、肥沃、湿润而排水良好之砂质壤土。

园林用途：鹅毛竹竹秆矮小密生，叶大而茂，可作地被植物种植。常植于假山叠石间，或用作地被或盆栽。

相近种、变种及品种：黄条纹鹅毛竹、细鹅毛竹。

44 日本小檗(小檗)

Berberis thunbergii

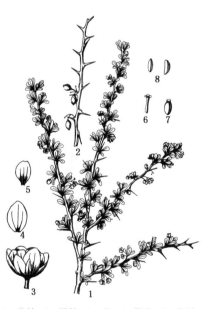

1. 花枝；2. 果枝；3. 花；4. 萼片；5. 花瓣；6. 雄蕊；7. 雌蕊；8. 种子

科属：小檗科　小檗属。

株高形态：小灌木，高约 1 m。

识别特征：落叶灌木。小枝常通红褐色，具细条棱，茎刺单一，刺通常不分叉。常丛生，倒卵形或匙形，长 0.5～2 cm，全缘，表面暗绿色，背面灰绿色。花小且浅黄色，1～5 朵成簇生状伞形花序。浆果椭圆形，长约 1 cm，亮红色。花期 5 月，果 9 月成熟。

生态习性：喜光，稍耐阴，耐寒，对土壤要求不严，而以在肥沃而排水良好的沙质壤土上生长最好。萌芽力强，耐修剪。

园林用途：日本小檗叶小圆形，枝细密而有刺，春季开小黄花，入秋则叶色变红，果熟后亦红艳美丽，是良好的观果、观叶和刺篱材料。适于在草坪、花坛、假山、池畔用作点缀，也可用作绿篱。

相近种、变种及品种：紫叶小檗、花叶小檗、庐山小檗、细叶小檗、阿穆尔小檗、刺檗。

45 **阔叶十大功劳**

Mahonia bealei

科属：小檗科　十大功劳属。

株高形态：常绿大灌木或小乔木,高 0.5～4 m。

识别特征：小叶 9～15 枚,卵形至卵状椭圆形,叶缘反卷,每边有大刺齿 2～5 个,侧生小叶基部歪斜,表面绿色有光泽,背面有白粉,坚硬革质。花黄色,有香气,总状花序直立,6～9 条簇生。浆果卵形,蓝黑色。花期 4—5 月,果 9—10 月成熟。

生态习性：性强健。喜温暖湿润气候,耐半阴,不耐严寒,可在酸性土、中性土至弱碱性土壤中生长,但以排水良好的沙质土壤为宜。

园林用途：阔叶十大功劳是优良的观赏性植物。常用于庭园中的门内、窗下、山石、粉墙下半荫处种植,即可赏花,又可赏果。

相近种、变种及品种：狭叶十大功劳、单对十大功劳、短序十大功劳、小果十大功劳、亮叶十大功劳。

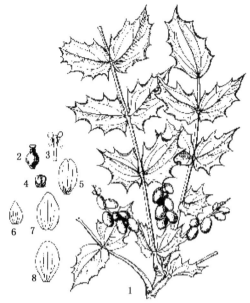

1. 果枝；2. 雄蕊；3. 雌蕊；4. 胚珠；
5. 花瓣；6. 外萼片；7. 中萼片；8. 内萼片

46 **南天竹(蓝田竹)**

Nandina domestica

科属：小檗科　南天竹属。

株高形态：大灌木,高 1～3 m。

识别特征：常绿灌木。茎圆柱形,丛生而少分枝。2～3 回羽状复叶,互生,中轴有关节,小叶椭圆状披针形,先端渐尖,基部楔形,全缘,两面无毛。花小而白色,成顶生圆锥花序,花期 3—6 月。浆果球形,鲜红色,果 5—11 月成熟。

生态习性：生长较慢。喜半荫,最好能上午见光、中午和下午有荫蔽,但在强光下亦能生长,唯叶色常发红。喜温暖气候及肥沃、湿润而排水良好的土壤。有一定耐寒性,对水分要求不严。

园林用途：南天竹茎干丛生,枝叶扶疏,秋冬叶色变红,更有累累红果,经久不凋,为赏叶观果佳品。长江流域及其以南地区可露地栽培,宜丛植于庭院房前、草地边缘,或园路转角处。北方寒地多盆栽观赏。又可剪取枝叶和果序瓶插,供室内装饰用。

相近种、变种及品种：本属仅 1 种,产于中国及日本。

1. 果枝；2. 示小叶形变化；3. 花蕾；
4. 外萼片；5. 内萼片；6. 花瓣；
7. 雄蕊；8. 雌蕊；9. 花

47 二球悬铃木（英国梧桐）

Platanus × acerifolia

1. 果枝；2. 果；3. 雄蕊；4. 雌花
及离心皮雌蕊；5. 种子萌生幼根；
6. 子叶出土；7-9. 幼苗

科属：悬铃木科　悬铃木属。

株高形态：大乔木，高30余米，胸径4 m。树冠卵圆形。

识别特征：落叶乔木。树皮深灰色，光滑，大片块状脱落；嫩枝密生灰黄色绒毛；老枝秃净。叶阔卵形，基部截形或微心形，上部掌状5裂；托叶中等大，基部鞘状，上部开裂。花通常4数。雄花的萼片卵形，被毛；花瓣矩圆形，长为萼片的2倍。果枝有头状果序1～2个，常下垂。坚果之间无突出的绒毛，或有极短的毛。

生态习性：速生树。浅根性树种。喜光，不耐阴。喜温暖湿润气候。对土壤要求不严，耐干旱、瘠薄，亦耐湿。萌芽力强，耐修剪。抗烟尘、H_2S、SO_2等有害气体。

园林用途：二球悬铃木主干高大、分枝能力强、树冠广阔，夏季具有很好的遮荫降温效果，并有滞积灰尘、吸收有毒气体的作用，作为街道、厂矿绿化颇为合适。同时具有适应性广，成荫快，栽培容易等优点，已广植于世界各地，被称为"行道树之王"。

相近种、变种及品种：一球悬铃木、三球悬铃木。

48 黄杨（黄杨木、瓜子黄杨）

Buxus sinica

1. 果枝；2. 果实；3. 种子；
4. 叶面（示皱纹）；5. 叶面

科属：黄杨科　黄杨属。

株高形态：灌木或小乔木，高1～6 m。

识别特征：常绿植物。枝圆柱形，有纵棱，灰白色；小枝四棱形，被短柔毛。叶革质，阔椭圆形或长圆形，先端常有小凹口，不尖锐，基部圆或急尖或楔形，叶面光亮叶柄上面被毛。花序腋生，头状，花密集。雄花约10朵，无花梗，外萼片卵状椭圆形，内萼片近圆形无毛。花期3月，果期5—6月。

生态习性：生长较慢。喜光，较耐阴。喜湿润，忌长时间积水。耐旱、耐热、耐寒，可经受夏日暴晒和耐摄氏－20℃左右的严寒，但夏季高温潮湿时应多通风透光。喜肥沃排水良好的壤土，微酸性土或微碱性土均能适应，在石灰质泥土中亦能生长。

园林用途：黄杨耐修剪，易成型。秋季叶片可转为红色。园林中常作绿篱、大型花坛镶边，可修剪成球形或其他形状，点缀山石或制作盆景。木材坚硬细密，是雕刻工艺的上等材料。

相近种、变种及品种：小叶黄杨、尖叶黄杨、长叶黄杨。

49 牡丹（富贵花、本木芍药、洛阳花）

Paeonia suffruticosa

科属：芍药科　芍药属。

株高形态：小灌木，茎高达 2 m。

识别特征：落叶灌木。分枝短而粗。叶 2 回羽状呈复叶，顶生小叶宽卵形表面绿色，无毛，背面淡绿色，有时具白粉。花单生枝顶，长椭圆形，大小不等；萼片 5，绿色，宽卵形；花瓣 5，或为重瓣，玫瑰色、红紫色、粉红色至白色，倒卵形，长 5～8 cm，顶端呈不规则的波状。雄蕊多数。花期 5 月，果期 6 月。

生态习性：性喜温暖、凉爽、干燥、阳光充足的环境。喜阳光，也耐半阴，耐寒，耐干旱，耐弱碱。忌积水，怕热，怕烈日直射。适宜在疏松、深厚、肥沃、地势高燥、排水良好的中性沙壤土中生长。酸性或黏重土壤中生长不良。

园林用途：牡丹色、姿、香、韵俱佳，花大色艳，花姿绰约，韵压群芳，常作为专类花园及供重点美化用，可以自然式孤植或丛植于草坪、岩石附近或培植于庭院内外，装饰室内外空间环境。

相近种、变种及品种：矮牡丹、紫斑牡丹。

1. 枝；2. 花；3. 雌蕊；
4. 雄蕊；5. 叶

50 枫香树

Liquidambar formosana

科属：阿丁枫科　枫香树属。

株高形态：大乔木，高达 30 m，胸径可达 1 m。树冠塔形。

识别特征：落叶乔木。树皮灰褐色，方块状剥落；小枝干后灰色，被柔毛。叶薄革质，阔卵形，掌状 3 裂；基部心形；掌状脉 3～5 条，网脉明显可见；边缘有锯齿，齿尖有腺状突；叶柄常有短柔毛。头状果序圆球形，木质；蒴果。种子多数，褐色，多角形或有窄翅。

生态习性：深根性树种。喜温暖湿润气候，性喜光，幼树梢耐阴，耐干旱瘠薄土壤，不耐水涝。在湿润肥沃而深厚的红黄壤土上生长良好。抗风力强，不耐移植及修剪。

园林用途：园林中常用庭荫树，可于草地孤植、丛植，或于山坡、池畔与其他树木混植。与常绿树丛配合种植，秋季红绿相衬，会显得格外美丽。具有较强的耐火性和对有毒气体的抗性，可用于厂矿区绿化。

相近种，变种及品种：山枫香树、北美枫香。

1. 果枝；2. 花枝；3. 雄蕊；4. 雌蕊花柱
及假雄蕊；5. 果序一部分；6. 种子

51 蚊母树

Distylium racemosum

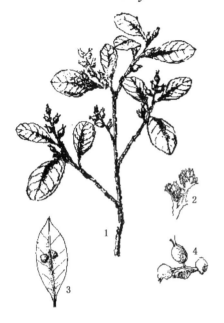

1. 枝；2. 花；3. 叶；4. 果实

科属：金缕梅科　蚊母树属。

株高形态：常绿灌木或中乔木,高达 16 m。树冠呈球形。

识别特征：嫩枝有鳞垢,老枝秃净,干后暗褐色。叶革质,椭圆形或倒卵状椭圆形,边缘无锯齿。花雌雄同在一个花序上,雌花位于花序的顶端;雄蕊 5～6 个,红色;子房有星状绒毛。蒴果卵圆形,外面有褐色星状绒毛。种子卵圆形,深褐色、发亮。花期 4 月,果 9 月成熟。

生态习性：植物喜光,稍耐阴,喜温暖湿润气候,耐寒性不强。对土壤要求不严,酸性、中性土壤均能适应,而以排水良好而肥沃、湿润土壤为最好。萌芽、发枝力强,耐修剪。

园林用途：蚊母树枝叶密集,树形整齐,叶色浓绿,经冬不凋,春日开细小红花,颇美丽,加之抗性强、防尘及隔音效果好,是城市及工矿区绿化及观赏树种。植于路旁、庭前草坪上及大树下都很合适;成丛、成片栽植作为分隔空间或作为其他花木之背景效果亦佳。若修剪成球形或其他形状,宜于门旁对植或作种植背景。

相近种、变种及品种：小叶蚊母树、中华蚊母树。

52 红花檵木

Loropetalum chinense **var**. **rubrum**

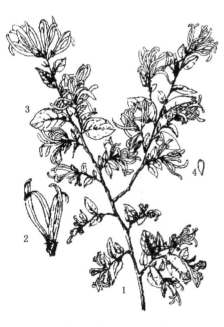

1. 枝；2. 花；3. 叶；4. 果实

科属：金缕梅科　檵木属。

株高形态：灌木或小乔木,高 4～9 m。

识别特征：常绿植物。小枝有星毛。叶革质,卵形端尖锐,基部钝,不等侧,上面略有粗毛,干后暗绿色,无光泽,下面被星毛,稍带灰白色,侧脉约 5 对,全缘;叶柄有星毛;托叶膜质,三角状披针形,早落。花3～8朵簇生,有短花梗,紫红,比新叶先开放,或与嫩叶同时开放。蒴果卵圆形,先端圆,被褐色星状绒毛。种子圆卵形,黑色,发亮。花期 3—5 月,果 8 月成熟。

生态习性：喜光,稍半阴,喜温暖气候。耐干旱瘠薄,适宜在肥沃、湿润的微酸性土壤中生长。萌芽力和发枝力强,耐修剪。

园林用途：红花檵木是珍贵的乡土彩叶观赏植物。初夏开花繁密而显著,常与草地、林缘或与山石相配合。生态适应性强,耐修剪,易造型,广泛用于色篱、模纹花坛、灌木球、彩叶小乔木等规划设计类型,及桩景造型、盆景。

相近种、变种及品种：檵木、大叶檵木、大果檵木。

53 地锦（爬山虎、红葡萄藤、趴墙虎）

Parthenocissus tricuspidata

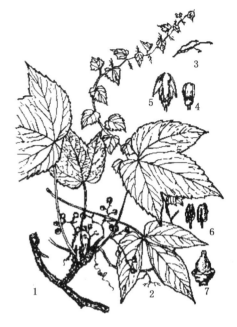

科属：葡萄科　地锦属。

株高形态：木质藤本。

识别特征：落叶藤本。小枝圆柱形。卷须短多分枝，5～9分裂，相隔2节间断与叶对生。顶端嫩时膨大呈圆珠形，遇附着物扩大成吸盘。叶为单叶，通常着生在短枝上为3浅裂，叶片通常倒卵圆形，基部心形，边缘有粗锯齿，上面绿色，下面浅绿色。多歧聚伞花序，主轴不明显；花蕾倒卵椭圆形，顶端圆形；萼碟形；花瓣5，长椭圆形。果实球形，有种子1～3颗；种子倒卵圆形。花期5—8月，果期9—10月。

生态习性：攀援能力强，多攀援于岩石、大树或墙壁上。既喜阳光，也能耐阴。对土质要求不严，肥瘠、酸碱均能生长。自身具有一定耐寒能力。

园林用途：著名的垂直绿化植物，枝叶茂密，入秋后可变为红色。可栽植于建筑物外墙、围墙、假山、道路边坡等处，短期内可收到良好的绿化、美化效果，夏季也可起到降温的效果。

相近种、变种及品种：三叶地锦、五叶地锦、栓翅地锦。

1. 果枝；2. 深裂的叶；3. 吸盘；
4,5. 花；6. 雄蕊；7. 雌蕊

54 葡萄（蒲陶、草龙珠、赐紫樱桃、山葫芦）

Vitis vinifera

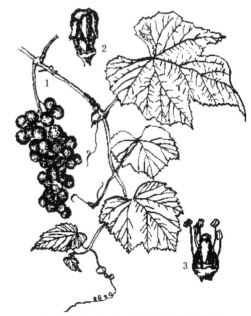

科属：葡萄科　葡萄属。

株高形态：木质藤本，枝长30 m。

识别特征：落叶藤本。小枝圆柱形，有纵棱纹。卷须2叉分枝，每隔2节间断与叶对生。叶卵圆形，基部深心形，上面绿色，下面浅绿色。圆锥花序密集或疏散。花蕾倒卵圆形，花瓣5，呈帽状黏合脱落，花药黄色，卵圆形。果实球形或椭圆形。种子倒卵椭圆形，顶短近圆形。花期4—5月，果期8—9月。

生态习性：性喜光，适于干燥及夏季高温的大陆性气候。耐干旱，怕涝。在壤土及细砂质壤土中生长良好。

园林用途：葡萄枝叶繁茂，攀援直上，占领大片空间，是很好的园林棚架植物；或配合树冠造型，成为艺术盆景。园林造景中长廊经常使用的树种之一，既可观赏、遮荫，又可结合果实进行生产。

相近种、变种及品种：山葡萄、小果葡萄、桦叶葡萄。

1. 果枝；2. 花；3. 去花冠示雄蕊及雌蕊

55 合欢(绒花树、马缨花)

Albizia julibrissin

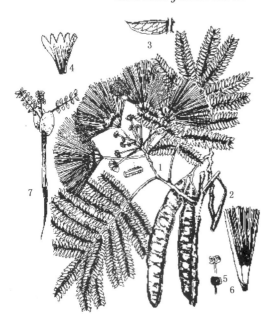

1. 花枝；2. 果枝；3. 小叶放大；
4. 花冠展开；5. 雄蕊及雌蕊；
6. 雄蕊；7. 幼苗

科属：豆科　合欢属。

株高形态：中乔木,高可达 16 m。树冠伞形。

识别特征：落叶乔木。枝有棱角,嫩枝、花序和叶轴被绒毛或短柔毛。二回羽状复叶；羽片 4～12 对,栽培的有时达 20 对；线形至长圆形。头状花序于枝顶排成圆锥花序；花粉红色；花萼管状,长 3 mm；花冠长 8 mm,裂片三角形,花萼、花冠外均被短柔毛。荚果带状。花期 6—7 月,果期 8—10 月。

生态习性：速生树。喜光喜温暖湿润环境,对气候和土壤适应性强。宜在排水良好、肥沃土壤生长。但也耐瘠薄和干旱气候,不耐水涝。对 SO_2、HCl 等有害气体有较强的抗性。

园林用途：合欢树形姿势优美,叶形雅致,盛夏绒花满树,有色有香,能形成轻柔舒畅的气氛,可种植于林缘、房前、草坪、山坡等地。宜作为行道树、庭荫树、四旁绿化和庭园点缀,单植可为庭院树,群植与花灌类配置或与其他树种混植成为风景林。

相近种、变种及品种：矮合欢、山合欢。

56 紫穗槐(椒条、棉条、棉槐、紫槐、槐树)

Amorpha fruticosa

1. 花枝；2. 果枝；3. 花；
4. 雄蕊；5. 花瓣；6. 果

科属：豆科　紫穗槐属。

株高形态：直立灌木,丛生,高 1～4 m。

识别特征：落叶灌木。小枝灰褐色。叶互生,奇数羽状复叶,有小叶 11～25 片,基部有线形托叶,小叶卵形或椭圆形先端圆形。穗状花序常 1 至数个顶生和枝端腋生,密被短柔毛；花有短梗,旗瓣心形,紫色；雄蕊 10。荚果下垂,微弯曲,棕褐色。花果期 5—10 月。

生态习性：速生树种。喜干冷气候。耐寒性、耐干旱能力强,喜光、耐水湿。对土壤要求不严。抗风力强,生长快,生长期长。

园林用途：紫穗槐枝条直立匀称,枝叶繁密,可以经整形培植为直立单株,树形优美。栽植于河岸、河堤、沙地、山坡及铁路沿线,有护堤防沙、防风固沙、保护环境的作用。郁闭度强,截留雨量能力强,萌蘖性强,根系广,侧根多,不易生病虫害,具有根瘤,改土作用强,系多年生优良绿肥、蜜源植物。

相近种、变种及品种：刺槐。

57 春云实（鸟爪勒藤）
Caesalpinia vernalis

科属：豆科　云实属。

株高形态：有刺藤本。

识别特征：常绿木质藤本。树体密被锈色绒毛及倒钩皮刺，小枝具纵棱。二回羽状复叶；叶轴有刺，被柔毛；羽片8～16对；小叶6～10对，对生，革质，卵形。圆锥花序顶生或生于顶端叶腋，花黄色，有红色斑纹。荚果黑紫色，木质，斜长圆形，长4～6 cm，顶端有喙。种子1～2粒，斧形。花期4—6月，果期12月。

生态习性：速生树种。喜光，耐半阴，在郁闭度一般的林下及林缘均能良好生长，忌过阴。喜温暖，冬季低温时，会出现部分枝梢受冻枯死的现象。适应性强，不择土壤，无病虫害。

园林用途：春云实四季常绿，其新叶展出时叶色呈红色，新叶的红色和老叶的绿色交互衬映，颜色分外鲜艳。可作篱垣、花架的绿化材料。

相近种、变种及品种：云实、金凤花。

1. 枝；2. 花；3. 雄蕊；
4. 雌蕊；5. 果

58 紫荆（裸枝树、紫珠）
Cercis chinensis

科属：豆科　紫荆属。

株高形态：丛生或单生灌木，高2～5 m。

识别特征：落叶灌木或小乔木。树皮灰白色。叶纸质，近圆形，先端急尖，基部浅至深心形。花紫红色或粉红色，2～10余朵成束，簇生于老枝和主干上，先于叶开放，龙骨瓣基部具深紫色斑纹。荚果扁狭长形，绿色，先端急尖，喙细而弯曲；种子2～6颗，阔长圆形，黑褐色，光亮。花期3～4月；果期8—10月。

生态习性：性喜光照，有一定的耐寒性。喜肥沃、排水良好的土壤，不耐淹。萌蘖性强，耐修剪。

园林用途：紫荆是早春美丽的木本赏花灌木，鲜艳的花朵密集地生满全株各枝条，花形似蝶，密密层层，满树嫣红。宜栽庭院、草坪、岩石及建筑物前，具有"老茎生花"的观赏效果。

相近种、变种及品种：加拿大紫荆、巨紫荆、白花紫荆。

1. 花枝；2. 叶枝；3. 花；4. 花瓣；5. 雄蕊及雌蕊；6. 雄蕊；7. 雌蕊；8. 果；9. 种子

59 黄檀（檀木、檀树、望水檀、不知春、白檀）

Dalbergia hupeana

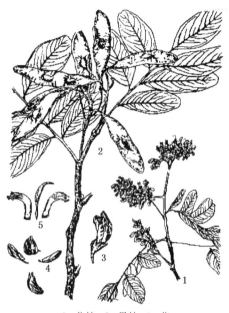

1. 花枝；2. 果枝；3. 花；
4. 花瓣；5. 雄蕊及雌蕊

科属：豆科　黄檀属。

株高形态：大乔木，高 10～20 m，树冠伞形。

识别特征：落叶乔木。树皮暗灰色，呈薄片状剥落。羽状复叶，小叶 3～5 对，近革质，椭圆形。圆锥花序顶生或生于最上部的叶腋间。花冠白色或淡紫色，长倍于花萼，各瓣均具柄，旗瓣圆形，翼瓣倒卵形，龙骨瓣关月形，与翼瓣内侧均具耳。荚果长圆形或阔舌状，有 1～2 粒种子；种子肾形。花期 5～7 月。

生态习性：深根性、阳性树种，喜光。耐干旱瘠薄，但在深厚、湿润、排水良好的土壤生长较好，忌盐碱地；萌芽力强。

园林用途：黄檀枝干高大，枝叶繁密，可作庭荫树、风景树、行道树。它具有深根性，能固氮的特点，是荒山荒地的先锋绿化树种，也可作为石灰质土壤绿化。花香，开花能吸引大量蜂蝶，也可放养紫胶虫。

相近种、变种及品种：上海黄檀。

60 美丽胡枝子

Lespedeza formosa

1. 花枝上部；2. 花；3. 花瓣；4. 花瓣；
5. 龙骨瓣；6. 雄蕊和雌蕊；7. 花萼；
8. 荚果；9. 花枝一部分；10. 叶；11. 花

科属：豆科　胡枝子属。

株高形态：直立灌木，高 1～2 m。

识别特征：落叶灌木。丛状生长，被疏柔毛。小叶椭圆形、两端稍尖或稍钝，绿色。总状花序单一，腋生，或构成顶生的圆锥花序；花冠红紫色，荚果倒卵形或倒卵状长圆形，表面具网纹且被疏柔毛。花期 7—9 月，果期 9—10 月。

生态习性：速生树种。喜光。耐干旱、耐瘠薄、耐热，适应性强。

园林用途：美丽胡枝子花色艳丽，适宜作为观花灌木应用于庭院，或作为护坡地被的点缀，和常绿藤本植物互相搭配，可以丰富景观的色彩。同时它也是荒山绿化、水土保持和改良土壤的先锋树种。

相近种、变种及品种：胡枝子、多花胡枝子、柔毛胡枝子。

61 常春油麻藤（常绿油麻藤、牛马藤、棉麻藤）

Mucuna sempervirens

科属：豆科　黧豆属。

株高形态：木质藤本。

识别特征：常绿藤本。羽状复叶具 3 小叶；小叶纸质或革质，顶生小叶椭圆形；小叶柄膨大。总状花序生于老茎上，每节上有 3 花，无香气或有臭味；花冠深紫色，圆形。果木质，带形，种子间缢缩，近念珠状；种子 4～12 颗，褐色或黑色，扁长圆形。花期 4—5 月，果期 8—10 月。

生长习性：速生树种。耐阴，喜光，喜温暖湿润气候。适应性强，具有较强的抗逆性，耐寒，耐干旱和耐瘠薄。对土壤要求不严，喜深厚、肥沃、排水良好、疏松的土壤。

园林用途：常春油麻藤在园林中较常见，是价值较高的垂直绿化藤本植物。适宜种植在房屋前后阳台、栅栏、高速公路护坡及绿化面积不足、不便绿化的位置，是建筑立面绿化的常绿材料。可以利用它进行环境治理，净化空气，美化环境，稳固土壤，提高环境质量。

相近种、变种及品种：白花油麻藤。

1. 花枝；2. 荚果；3. 花瓣；
4. 雄蕊及雌蕊；5. 花萼

62 刺槐（洋槐）

Robinia pseudoacacia

科属：豆科　刺槐属。

株高形态：大乔木，高 10～25 m。树冠椭圆状倒卵形。

识别特征：落叶乔木。树皮灰褐色至黑褐色，浅裂至深纵裂，稀光滑。羽状复叶，常对生，椭圆形。总状花序花序腋生，下垂，花多数，芳香，花冠白色。荚果褐色，线状长圆形，扁平。种子 2～15 粒，种子褐色，近肾形。花期 4—6 月，果期 8—9 月。

生态习性：速生树。浅根性树种。温带树种，喜光，不耐荫蔽。抗盐碱能力强。萌芽力和根蘖性都很强。

园林用途：刺槐冬季落叶后，枝条疏朗向上，造型有国画韵味。可作为行道树，庭荫树。对 SO_2、Cl_2、光化学烟雾等的抗性较强，还有较强的吸收铅蒸气的能力，是工矿区绿化及荒山荒地绿化的先锋树种。

相近种、变种及品种：红花刺槐、金叶刺槐、毛刺槐、香花槐。

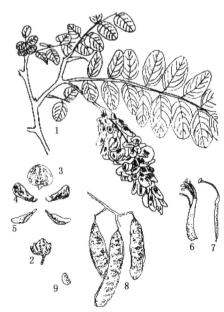

1. 花枝；2. 花萼；3. 旗瓣；4. 翼瓣；
5. 龙骨瓣；6. 雄蕊；7. 雌蕊；8. 果；9. 种子

63 双荚决明（双荚槐、金叶黄槐、金边黄槐、腊肠仔树）

Cassia bicapsularis

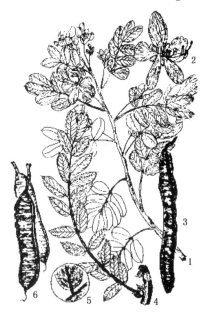

科属：豆科　决明属。

株高形态：亚灌木状披散状，高可达 75 cm。

识别特征：直立灌木。条、叶柄、叶轴疏柔毛。小叶对生，线状镰形，顶端有小凸尖，基部近圆形。花腋生，总状花序；萼片卵状长圆形，顶端渐尖；花瓣黄色，卵形，花药长圆形。荚果扁平而直。8—9 月开花；10—12 月结果。

生态习性：喜光。根系发达，萌芽能力强，适应性较广，耐寒，耐干旱瘠薄的土壤，有较强的抗风、抗虫害和防尘、防烟雾的能力，尤其适应在肥力中等的微酸性或砖红壤中生长。

园林用途：双荚决明树姿优美，枝叶茂盛，夏、秋季盛开的黄色花序布满枝头，花色美丽且花期长，给人以愉悦、亮丽、壮观之美，既可单植、丛植或列植作绿篱、行道树，也可用于垂直绿化。具有美化、防尘、防烟雾的作用。

相近种、变种及品种：黄花决明。

1. 花枝；2. 花；3. 果；4. 复叶和小枝一段示托叶；5. 叶轴和小叶一部分；6. 果

64 槐（国槐、槐树、槐蕊、豆槐、白槐、细叶槐、家槐）

Sophora japonica

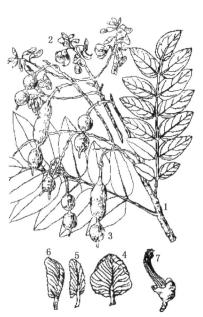

科属：豆科　槐属。

株高形态：大乔木，高达 25 m。树冠呈球形。

识别特征：落叶乔木。树皮灰黑色浅裂，小枝绿色。奇数羽状复叶互生，小叶对生或近对生，卵状椭圆形，全缘。圆锥花序顶生，常呈金字塔形，花冠白色或淡黄色。荚果串珠状，种子排列较紧密，具肉质果皮，成熟后不开裂，具种子 1～6 粒；种子卵球形，淡黄绿色，干后黑褐色。花期 6—7 月，果期 8—10 月。

生态习性：深根性树种。喜光而稍耐阴。不耐积水，对多种有害气体具有较强的抗性。不择土壤，但尤喜欢深厚肥沃的土壤，适应性强，耐修剪，萌发力强，耐移植。

园林用途：国槐是庭院常用的特色树种，其枝叶茂密，绿荫如盖，适作行道树、庭荫树。宜门前对植或列植，或孤植于亭台山石旁，也可配置于公园、建筑四周、街坊住宅区及草坪等处。是防风固沙、用材及经济林兼用的树种。

相近种、变种及品种：五叶槐、龙爪槐、毛叶槐、堇花槐。

1. 果枝；2. 花；3. 果；4. 旗瓣；5. 翼瓣；6. 龙骨瓣；7. 去花瓣的花

65 多花紫藤（日本紫藤）

Wisteria floribunda

科属：豆科　紫藤属。

株高形态：大型藤本。

识别特征：落叶藤本。树皮赤褐色。茎右旋，枝较细柔，分枝密。羽状复叶；小叶 5～9 对，薄纸质，卵状披针形。总状花序生于当年枝枝梢，花冠紫色至蓝紫色。荚果倒披针形，平坦，密被绒毛，有种子 3～6 粒。种子紫褐色，具光泽，圆形。花期 4—5 月，果期 5—7 月。

生态习性：亚热带及温带植物，对气候和土壤的适应性强，耐寒，能耐水湿及瘠薄土壤，喜光，较耐阴。以土层深厚，排水良好，背风向阳的地方栽培最适宜。生长较快，寿命很长。对 SO_2 和 HCl 等有害气体有较强的抗性，对空气中的灰尘有吸附能力。

园林用途：多花紫藤茎蔓蜿蜒屈曲，开花繁多，是优良的观花藤本。一般应用于园林棚架，栽于湖畔、池边、假山、石坊等处，具独特风格。还可做成姿态优美的悬崖式盆景。

相近种、变种及品种：短梗紫藤、紫藤、白花藤萝。

1. 果枝；2. 花；3. 荚果；4. 旗瓣；
5. 翼瓣；6. 龙骨瓣

66 桃（陶古日）

Amygdalus persica

科属：蔷薇科　桃属。

株高形态：小乔木，高 3～8 m。树冠宽广而平展。

识别特征：落叶乔木。树皮暗红褐色；小枝细长，无毛，有光泽，绿色，具大量小皮孔。叶片长卵状披针形，叶边具锯齿。花单生，花瓣长，粉红色，果实卵形。花期 3—4 月，果期 8—9 月。

生态习性：适应大陆性气候，喜光、耐旱、耐寒力强。不耐盐碱和水涝，选择排水良好、土层深厚的沙质微酸性土壤为宜。

园林用途：我国传统的园林花木，其树态优美，枝干扶疏，花朵丰腴，色彩艳丽，为早春重要观花树种。园林中可以将观赏桃用作行道树、配径树，亦可培植桃花坛、桃树篱，既可以增加树种的多样性，又可提高文化品味，还可建立观赏桃主题公园，满足人们的赏美需求。

相近种、变种及品种：油桃、蟠桃、寿星桃、碧桃、山桃、垂枝桃、菊花桃、照手桃。

1. 果枝；2. 花枝；3. 花；
4. 果实；5. 种子

67 梅（春梅、干枝梅、酸梅、乌梅、梅树、梅花）

Armeniaca mume

1. 果枝；2. 花枝；3. 花；4. 果实剖面

科属：蔷薇科　杏属。

株高形态：小乔木，稀灌木，高 4～10 m。

识别特征：落叶乔木。树皮浅灰色；小枝绿色，光滑无毛。叶片卵形，叶边常具小锐锯齿，灰绿色。花单生或 2 朵，香味浓，先于叶开放，花瓣倒卵形，白色至粉红色。果实近球形，黄色或绿白色，被柔毛，味酸；果肉与核粘贴；核椭圆形，两侧微扁。花期冬春季，果期 5～6 月。

生态习性：阳性，喜温暖气候，较耐旱，怕涝，寿命长。

园林用途：梅形态横、斜、疏、瘦，花色多样，花形极美；香味别具神韵、清逸幽雅，被历代文人墨客称为暗香；与松、竹并称为"岁寒三友"。可用于绿地、庭园、风景区，可孤植、丛植、群植等。宜以常绿乔木或深色建筑做背景，来衬托梅花玉洁冰清之美。古代强调"梅花绕屋""登楼观梅"，均是为了获得最佳的观赏效果。另外，梅花可布置成梅岭、梅园、梅溪、梅径等专类园。

相近种、变种及品种：厚叶梅、长梗梅、果梅、花梅。

68 钟花樱桃（福建山樱花、山樱花、绯樱）

Cerasus campanulata

1. 果枝；2. 花纵剖面

科属：蔷薇科　樱桃属。

株高形态：小乔木或灌木，高 3～8 m。

识别特征：落叶植物。树皮黑褐色。小枝灰褐色或紫褐色，嫩枝绿色，无毛。叶片卵形、卵状椭圆形或倒卵状椭圆形，薄革质，上面绿色，无毛，下面淡绿色。伞形花序，有花 2～4 朵，先叶开放；花瓣倒卵状长圆形，粉红色，先端颜色较深，下凹，稀全缘。核果卵球形。花期 2—3 月，果期 4—5 月。

生态习性：喜光照充足、温暖的环境，较耐高温和阴凉，可在低海拔地区种植，最佳生长温度为 15～28℃，有很强的适应性和抗污染能力。喜排水良好的土壤。

园林用途：钟花樱桃早春着花，色鲜艳亮丽，满树烂漫，是早春重要的观花树种，可群植于山坡、庭院、路边、建筑物前；可大片栽植形成"花海"景观；可三五成丛点缀成锦团；也可孤植，有"万绿丛中一点红"之画意；还可作小路行道树、绿篱或制作盆景。

相近种、变种及品种：迎春樱桃。

69 **迎春樱桃**

Cerasus discoidea

科属：蔷薇科 樱桃属。

株高形态：小乔木,高 2～3.5 m。

识别特征：落叶乔木。树皮灰白色。小枝紫褐色。叶片倒卵状长圆形或长椭圆形。花先叶开放或稀花叶同开,伞形花序有花 2 朵,稀 1 或 3 朵。花瓣粉红色;长椭圆形,先端二裂。核果红色,核表面略有棱纹。花期 3月,果期 5 月。

生态习性：喜光,喜温湿气候,较耐寒,喜深厚肥沃而排水良好的土壤。

园林用途：迎春樱花色鲜艳亮丽,枝叶繁茂旺盛,是早春重要的观花树种,常用于园林观赏。可以孤植、对植、丛植,或作为小路行道树、绿篱或制作盆景等。

相近种、变种及品种：短梗尾叶樱桃。

1. 果枝；2. 花纵剖面；
3. 盘状腺体；4. 苞片

70 **山樱花**（福岛樱、福建山樱花、草樱、樱花）

Cerasus serrulata

科属：蔷薇科 樱桃属。

株高形态：乔木,高 3～8 m。树冠卵圆形至圆形。

识别特征：落叶乔木。树皮灰褐色或灰黑色。小枝灰白色或淡褐色,无毛。叶片卵状椭圆形或倒卵椭圆形,上面深绿色,无毛,下面淡绿色,无毛。花序伞房总状或近伞形,有花 2～3 朵;花瓣白色,稀粉红色,倒卵形,先端下凹。核果球形或卵球形,紫黑色。花期 4—5 月,果期6—7 月。

生态习性：浅根性树种。喜光,耐寒,喜空气湿度大的环境。对烟尘和有害气体的抵抗力较差。喜肥沃、深厚而排水良好的微酸性土壤,不耐盐碱、不抗旱,不耐涝也不抗风。对盐渍化反应很敏感,盐碱地区不宜种植。

园林用途：山樱花植株优美漂亮,叶片油亮,花朵鲜艳亮丽,是优秀的观花树种。广泛用于道路、小区、公园、庭院、河堤等,绿化效果明显。

相近种、变种及品种：毛叶山樱花、日本晚樱。

1. 果枝；2. 花纵剖面；3. 花枝

71 日本晚樱（野生福岛樱、樱花）

Cerasus serrulata var. *lannesiana*

2

1

1. 花枝；2. 叶边缘锯齿及齿尖小腺体

科属：蔷薇科　樱桃属。

株高形态：中乔木，高达 10 m。树冠卵圆形。

识别特征：落叶乔木。树皮淡灰色。叶常为倒卵形，叶端渐尖，呈长尾状，叶缘锯齿单一或重锯齿，齿端有长芒，叶背淡绿色；新叶无毛，略带红褐色。花形大而芳香，单瓣或重瓣，常下垂，粉红或近白色；1～5 朵排成伞房花序；花瓣端凹形；花期长。核果球形或卵球形，紫黑色。花期 4—5 月，果期 6—7 月。

生态习性：浅根性树种。喜光，喜温湿气候，较耐寒，喜深厚肥沃而排水良好的土壤。

园林用途：日本晚樱植株优美漂亮，花色、叶色多且美观。在规划中点景时，最好用不同数量的植株成组配置，而且应植有背景树。樱花适合配置于大型自然风景区内，依不同海拔高度、小气候环境行集团式配置。因其华丽的风采，用于城市公园中尤佳。

相近种、变种及品种：四季樱、大岛樱。

72 东京樱花（日本樱花、江户樱花）

Cerasus yedoensis

1

1. 花枝

科属：蔷薇科　樱桃属。

株高形态：中乔木。高达 16 m。

识别特征：落叶乔木。树皮暗褐色，平滑小枝幼时有毛。叶卵状椭圆形至倒卵形，叶端急渐尖，叶基圆形至广楔形，叶缘有细尖重锯齿。花白色至淡粉红色，常为单瓣，微香；3～6 朵排成短总状花序。核果，近球形，黑色。花期 4 月，果期 5 月。

生态习性：浅根性树种。喜光，喜温湿的气候，适宜在土层深厚、土质疏松、透气性好、保水力较强的砂壤土或砾质壤土上栽培，寿命较短。

园林用途：东京樱花是早春观赏树种。花期早，先叶开放，开花时满树灿烂，可孤植或群植于庭院、山坡、公园，草坪、湖边或居住小区等处，也可以列植或和其他花灌木合理配置于道路两旁，或片植作专类园。

相近种、变种及品种：山樱花、尾叶樱。

73 木瓜（榠楂、木李、海棠）
Chaenomeles sinensis

科属：蔷薇科　木瓜属。

株高形态：灌木或小乔木,高达5~10 m。

识别特征：落叶乔木。树皮呈片状脱落；枝无刺,圆柱形。单叶互生,革质,椭圆卵形,有芒状锐齿。花单生于叶腋,花梗短粗,无毛；花瓣倒卵形,淡粉红色。果实长椭圆形,暗黄色,木质,味芳香,果梗短。花期4月,果期9—10月。

生态习性：不耐阴,栽植地宜选择避风向阳处。喜温暖湿润气候。对土质要求不严,但在土层深厚、疏松肥沃、排水良好的沙质土壤中生长较好,低洼积水处不宜种植。

园林用途：木瓜树姿优美,花簇集中,花量大,花红果香,干皮斑驳秀丽,常被作为观赏树种,或作为盆景栽培。

相近种、变种及品种：毛叶木瓜、日本木瓜、皱皮木瓜。

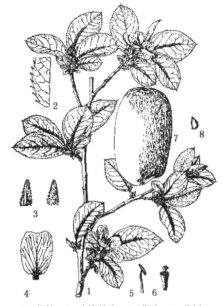

1. 花枝；2. 叶缘放大；3. 萼片；4. 花瓣；
5. 雄蕊；6. 雌蕊；7. 果实；8. 种子

74 贴梗海棠（楸、皱皮木瓜、贴梗木瓜、铁脚梨）
Chaenomeles speciosa

科属：蔷薇科　木瓜属。

株高形态：灌木或小乔木,高达2米。

识别特征：落叶灌木。树皮呈黑褐色,枝条直立开展,有刺。叶片卵形至椭圆形,边缘具有尖锐锯齿。花先叶开放,3~5朵簇生于二年老枝上；花瓣倒卵形或近圆形,猩红色,稀淡红色或白色。果实球,黄色,味芬芳。花期3—5月,果期9—10月。

生态习性：温带树种。适应性强,喜光,也耐半阴,耐寒,耐旱。对土壤要求不严,在肥沃、排水良好的黏土、壤土中均可正常生长,忌低洼和盐碱地。

园林用途：贴梗海棠春季观花,夏秋赏果,淡雅俏秀,多姿多彩。可作为独特孤植观赏树,或三五成丛点缀于园林绿地中,也可培育成独干或多干的乔灌木作片林。与建筑合理搭配,使庭园胜景倍添风采；也可制作多种造型的盆景。可作花篱、果篱用。

相近种、变种及品种：毛叶木瓜、日本木瓜、木瓜。

1. 花枝；2. 花

75 枇杷（卢桔）

Eriobotrya japonica

1. 花枝；2. 叶片断的下面；3. 花纵剖；
4. 花纵剖示雌蕊；5. 果；6. 种子

科属：蔷薇科　枇杷属。

株高形态：灌木或小乔木，高达 10 m。树冠呈圆状。

识别特征：常绿乔木。枝粗壮，黄褐色，密生锈色或灰棕色绒毛。叶片革质，披针形，上部边缘有疏锯齿，基部全缘，上面光亮，多皱，下面密生灰棕色绒毛。圆锥花序顶生，多花，花瓣白色；果实球形，橘黄色，外有锈色柔毛；种子 1～5，球形或扁球形，褐色，光亮，种皮纸质。花期 10—12 月，果期 5—6 月。

生态习性：喜光，稍耐阴，喜温暖气候。对土壤要求不严，适应性较广，但以含砂或石砾较多疏松土壤生长较好。

园林用途：枇杷树形整齐美观，叶大荫浓，四季常春，春萌新叶白毛茸茸，秋孕冬花，春实夏熟，在绿叶丛中，累累金丸，是美丽的园林树木和果树。可植于山坡、庭院、路边、建筑物前。

相近种、变种及品种：大花枇杷、台湾枇杷、香花枇杷。

76 白鹃梅（总花白鹃梅、茧子花、九活头、金瓜果）

Exochorda racemosa

1. 花枝；2. 果实；3. 花纵剖

科属：蔷薇科　白鹃梅属。

株高形态：大灌木，高达 3～5 m。

识别特征：落叶灌木。树皮褐色，枝条细弱开展，圆柱形，微有棱角，无毛。叶片椭圆形，全缘，稀中部以上有钝锯齿，上下两面均无毛。总状花序，有花 6～10 朵；花瓣倒卵形，先端钝，基部有短爪，白色。蒴果，倒圆锥形，无毛，有 5 脊。花期 5 月，果期 6—8 月。

生态习性：喜光，耐半荫，不耐水湿，种植地点应选择向阳的高地。适应性强，耐干旱瘠薄土壤，有一定耐寒性。

园林用途：白鹃梅姿态秀美，春日开花，满树雪白，如雪似梅，果形奇异，是美丽的观赏树，适应性广。宜在草地、林缘、路边及假山岩石间配置，在常绿树丛边缘群植，在林间或建筑物附近散植也极适宜。其老树古桩，又是制作树桩盆景的优良素材。

相近种、变种及品种：红柄白鹃梅、齿叶白鹃梅。

77 棣棠花（鸡蛋黄花、土黄条）
Kerria japonica

科属：蔷薇科　棣棠属。

株高形态：小灌木，高达 1~2 m。

识别特征：落叶灌木。小枝绿色，圆柱形，无毛。叶互生，三角状卵形，顶端长渐尖，基部、截形，边缘有尖锐重锯齿。单花，着生在当年生侧枝顶端，花梗无毛。瘦果倒卵形至半球形，褐色或黑褐色，表面无毛，有褶皱。花期4—6月，果期6—8月。

生态习性：喜温暖湿润和半阴环境，耐寒性较差，对土壤要求不严，以肥沃、疏松的沙壤土生长最好。

园林用途：棣棠花枝叶翠绿细柔，金花满树，可栽在墙隅及管道旁，有遮蔽之效。宜作花篱、花径，群植于常绿树丛之前，古木、山石缝隙之中，或池畔、溪流及湖沼沿岸，若配置疏林草地或山坡林下，则尤为雅致，野趣盎然。与红瑞木配置于雪景之上，可丰富冬季园林景观。

相近种、变种及品种：重瓣棣棠、金边棣棠、银边棣棠。

1. 花枝；2. 果实

78 西府海棠（海红、小果海棠、子母海棠）
Malus × micromalus

科属：蔷薇科　海棠属。

株高形态：小乔木，高达 2.5~5 m。树冠瘦长条型。

识别特征：落叶乔木。树枝直立性强。小枝细弱圆柱形，紫褐色或暗褐色。叶长椭圆形，先端渐尖，基部广楔形，锯齿尖细，叶质硬实，表面有光泽。花淡红色。果红色，萼洼、梗洼均下陷。花期4月，果期8—9月。

生态习性：喜光，耐寒，忌水涝，忌空气过湿，较耐干旱。对土壤适应力强，喜疏松肥沃而又排水良好的沙质壤土。

园林用途：西府海棠树态峭立，花朵红粉相间，叶子嫩绿可爱，果实鲜美诱人，不论孤植、列植、丛植均极为美观，是良好的庭园观赏树兼果用树种。最宜植于水滨及小庭一隅，常与玉兰、牡丹、桂花、迎春相伴，形成"玉棠春富贵"的意境。

相近种、变种及品种：花红、楸子、苹果、海棠花。

1. 果枝；2. 花枝

79 垂丝海棠
Malus halliana

1. 花枝；2. 果枝

科属：蔷薇科　海棠属。

株高形态：小乔木。树高约 5 m，树冠开展。

识别特征：落叶乔木。叶卵形至长卵形，基部楔形，锯齿细钝或近全缘，质较厚实，表面有光泽。伞房花序，具花 4～6 朵，花梗细弱，下垂，有稀疏柔毛，紫色；花直径 3～3.5 cm；花瓣倒卵形，基部有短爪，粉红色，常在 5 数以上。果实梨形或倒卵形，略带紫色。花期 3—4 月，果期 9—10 月。

生态习性：喜阳光、温暖湿润气候，耐寒性不强。土壤要求不严，微酸或微碱性土壤均可成长。

园林用途：垂丝海棠花繁色艳，朵朵下垂，是著名的庭园观赏花木。可在门庭两侧对植，或在亭台周围、丛林边缘、水滨布置；若在观花树丛中作主体树种，其下配置春花灌木，其后以常绿树为背景，则尤绰约多姿。若在草坪边缘、水边湖畔成片群植，或在公园游步道旁两侧列植或丛植，亦具特色。

相近种、变种及品种：重瓣垂丝海棠、白花垂丝海棠。

80 海棠花(海棠)
Malus spectabilis

1. 果枝；2. 花枝；3. 花枝去花瓣

科属：蔷薇科　海棠属。

株高形态：小乔木，高可达 8 m。

识别特征：落叶乔木。枝粗壮，圆柱形。叶片椭圆形至长椭圆形，先端短渐尖或圆钝，基部宽楔形或近圆形，边缘有紧贴细锯齿。花序近伞形，有花 4～6 朵；花瓣卵形基部有短爪，白色，在芽中呈粉红色。果实近球形，黄色，萼片宿存，基部不下陷，梗洼隆起；果梗细长，长 3～4 cm。花期 4—5 月，果期 8—9 月。

生态习性：性喜阳光，不耐阴，忌水湿。海棠花极为耐寒，对严寒及干旱气候有较强的适应性。

园林用途：海棠花植于门旁、庭院、亭廊周围、草地、林缘都很合适；也可作盆栽及切花材料。常把海棠植于湖畔、溪边、近水旁，"落英缤纷，夹岸数百步"诗情画意，心旷神怡。小区住宅，常在建筑前后或于围墙边、院落一隅对植或丛植。

相近种、变种及品种：粉红色重瓣海棠、白色重瓣海棠。

81 石楠（凿木、千年红、笔树、将军梨）

Photinia serratifolia

科属：蔷薇科　石楠属。

株高形态：灌木或小乔木，高可达 6～12 m。树冠圆形。

识别特征：常绿阔叶植物。枝褐灰色，全体无毛。单叶互生，叶片革质，长椭圆形。复伞房花序顶生花密生，花瓣白色，味道浓重。果实球形，红色，后成褐紫色，有 1 粒种子；种子卵形，棕色，平滑。花期 4—5 月，果期 10 月。

生态习性：喜光，稍耐阴；喜温暖，尚耐寒，能耐短期的—15℃低温；喜排水良好的肥沃土壤，也耐干旱瘠薄，能生长在石缝中，不耐水湿。

园林用途：石楠叶丛浓密，枝条能自然发展成圆形树冠，叶片春天紫红，夏季密生白色花朵，冬季果实红色，缀满枝头，是观赏价值极高的树种，可作为庭荫树、绿篱栽植。在园林中丛栽与金叶女贞、红叶小檗、扶芳藤、俏黄芦等组成美丽的图案。

相近种、变种及品种：红叶石楠。

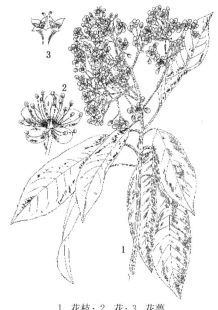

1. 花枝；2. 花；3. 花萼

82 红叶石楠

Photinia × fraseri

科属：蔷薇科　石楠属。

株高形态：小乔木或多枝丛生灌木，乔木高 6～15 m，灌木高 1.5～2 m。

识别特征：常绿阔叶植物。单叶轮生，叶片革质，长椭圆形，叶表深绿色，具光泽，光滑无毛。顶生伞房圆锥花序，小花白色。红色梨果，夏末成熟，可持续挂果到翌年春。花期 5—7 月，果期 9—10 月成熟。

生态习性：速生树。喜强光照，有极强的抗荫能力和抗干旱能力。不抗水湿。耐瘠薄，适合在微酸性的土质中生长，尤喜砂质土壤。气候适应性强，可以栽培在我国的很多地方。

园林用途：红叶石楠生长速度快，萌芽性强，耐修剪，四季色彩丰富，可进行多功能、多层次、立体式的应用。修剪成矮小灌木作为地被植物；与其他彩叶植物组合成各种图案；群植成大型绿篱或幕墙。

相近种、变种及品种：石楠、椤木石楠、小叶石楠。

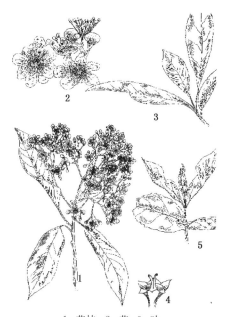

1. 花枝；2. 花；3. 叶；
4. 花萼；5. 新芽

83 紫叶李（樱桃李、欧洲樱李、红叶李）
Prunus cerasifera f. atropurpurea

1. 花枝；2. 花；3. 叶；4. 果实

科属：蔷薇科　李属。

株高形态：灌木或小乔木，高可达8 m。树冠钟形。

识别特征：落叶乔木。多分枝，枝条细长，开展，暗灰色，有时有棘刺；小枝暗红色，无毛。叶片椭圆形、卵形或倒卵形，边缘有圆钝锯齿。花1朵，稀2朵；花瓣白色，长圆形或匙形，边缘波状，基部楔形。核果近球形或椭圆形，黄色、红色或黑色，微被蜡粉，具有浅侧沟，粘核；核椭圆形或卵球形，浅褐带白色，表面平滑或粗糙或有时呈蜂窝状。花期4月，果期8月。

生态习性：喜阳光、温暖湿润气候。对土壤适应性强，不耐干旱，较耐水湿，但在肥沃、深厚、排水良好的黏质中性、酸性土壤中生长良好，不耐碱。根系较浅，萌生力较强。

园林用途：紫叶李叶常年紫红色，为著名观叶树种。孤植群植皆宜，能衬托背景，宜于建筑物前及园路旁或草坪角隅处栽植。

相近种、变种及品种：花叶李、黑紫叶李、垂枝紫叶李。

84 火棘（火把果、救军粮、红子）
Pyracantha fortuneana

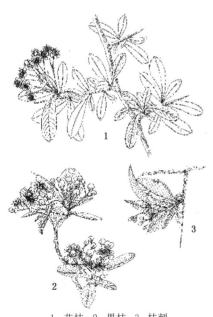

1. 花枝；2. 果枝；3. 枝刺

科属：蔷薇科　火棘属。

株高形态：大灌木，高约3 m。

识别特征：常绿灌木。侧枝短，先端成刺状。叶片倒卵形或倒卵状长圆形，先端圆钝或微凹，有时具短尖头，基部楔形，下延连于叶柄，边缘有钝锯齿，齿尖向内弯，近基部全缘，两面皆无毛。花集成复伞房花序；花瓣白色，近圆形。果实近球形，桔红色或深红色。花期3—5月，果期8—11月。

生态习性：喜强光，耐贫瘠，抗干旱，不耐寒。对土壤要求不严，而以排水良好、湿润、疏松的中性或微酸性壤土为好。

园林用途：火棘枝叶茂盛，初夏白花繁密，入秋果红如火，且留存枝头甚久，美丽可爱。在庭园中常作绿篱及基础种植材料，也可丛植或孤植于草地边缘或园路转角处。果枝还是瓶插的好材料，红果可经久不落。

相近种、变种及品种：窄叶火棘、全缘火棘、细圆齿火棘、直立火棘、小丑火棘。

85 厚叶石斑木

Rhaphiolepis umbellata

科属：蔷薇科　石斑木属。

株高形态：灌木或小乔木,高 2～4 m。树冠伞形。

识别特征：常绿灌木。枝粗壮,枝和叶在幼时有褐色柔毛,后脱落。叶片厚革质,长椭圆形、全缘或有疏生钝锯齿,网脉明显。圆锥花序顶生,直立,密生褐色柔毛;花瓣白色,倒卵形。果实球形,黑紫色带白霜,顶端有萼片脱落残痕,有 1 个种子。

生态习性：性强健,喜光,耐水湿,耐盐碱土,耐热,抗风,耐寒。

园林用途：厚叶石斑木树形独特,花心常同时呈现黄色及红色。也可培育成独干不明显、丛生形的小乔木,替代大叶黄杨,群植成大型绿篱或幕墙,在居住区、厂区绿地、街道或公路绿化隔离带应用,此外还可用于与秋色叶树种搭配,形成独特的对比效果。

相近种、变种及品种：全缘石斑木、细叶石斑木。

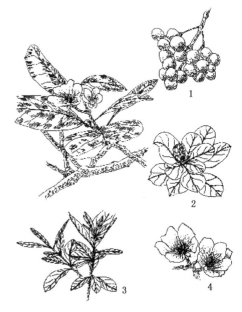

1. 果；2. 叶；3. 花枝；4. 花

86 鸡麻(白棣棠、三角草、山葫芦子、双珠母)

Rhodotypos scandens

科属：蔷薇科　鸡麻属。

株高形态：灌木,高 0.5～2 m,稀达 3 m。

识别特征：落叶灌木。小枝紫褐色,嫩枝绿色,光滑。单叶对生,卵形,顶端渐尖,基部圆形至微心形,边缘有尖锐重锯齿;上面幼时被疏柔毛,下面被绢状柔毛。单花顶生于新梢上;萼片大,卵状椭圆形;花瓣白色,倒卵形。核果 1～4,黑色或褐色,斜椭圆形,长光滑。花期 4—5 月,果期 6—9 月。

生态习性：喜光、耐半阴、耐寒、怕涝。适生于疏松肥沃排水良好的土壤。耐修剪。生山坡疏林中及山谷林下阴处。

园林用途：鸡麻花叶清秀美丽,适宜丛植于草地、路旁、角隅或池边,也可植山石旁。我国南北各地栽培供庭园绿化用。

相近种、变种及品种：无。

1. 花；2. 果枝；3. 叶

87 木香（木香花、七里香）
Rosa banksiae

1. 花枝

科属：蔷薇科　蔷薇属。

株高形态：攀援灌木，高可达 6 m。

识别特征：常绿藤本。小枝圆柱形，有短小皮刺。小叶片椭圆状卵形或长圆披针形，先端急尖或稍钝，基部近圆形或宽楔形，边缘有紧贴细锯齿。花小形，3～15朵排成伞形花序；花瓣重瓣至半重瓣，白色，倒卵形，先端圆，基部楔形。花期 4—5 月。

生态习性：喜光，耐半阴，较耐寒，适生于排水良好的肥沃润湿地。对土壤要求不严，耐干旱，耐瘠薄，不耐水湿，忌积水。

园林用途：木香花密，色艳，香浓，秋果红艳，是极好的垂直绿化观赏植物，适用于布置花柱、花架、花廊和墙垣，也是绿篱的良好材料。还可吸收废气，阻挡灰尘，净化空气。

相近种、变种及品种：单瓣白木香、七里香、黄木香花、单瓣黄木香、大花白木香。

88 香水月季（黄酴醾、芳香月季）
Rosa odorata

1. 花枝；2. 果实

科属：蔷薇科　蔷薇属。

株高形态：攀援灌木。

识别特征：常绿或半常绿植物。有长匍匐枝，枝粗壮，有散生而粗短钩状皮刺。小叶片椭圆形、卵形或长圆卵形，先端急尖或渐尖，基部楔形或近圆形，边缘有紧贴的锐锯齿。花单生或 2～3 朵；芳香，白色或带粉红色，倒卵形。果实呈压扁的球形，稀梨形，外面无毛，果梗短。花期 6—9 月。

生态习性：喜光，喜温暖湿润气候及肥沃土壤。耐寒性不强。

园林用途：香水月季花大，色彩艳丽，气味幽香，品种多样，如粉红色、白色、黄色的粉团花，是装饰庭院、园林美化的优良树种。

相近种、变种及品种：大花香水月季、桔黄香水月季、粉红香水月季、紫花香水月季。

89 月季（现代月季）
Rosa hybrida

科属：蔷薇科　蔷薇属。

株高形态：常绿或半常绿直立灌木，少数为藤本。高可达 2 m。

识别特征：灌木状。通常具有钩状皮刺。羽状复叶，小叶 3～5 枚，广卵至卵状椭圆形，先端尖，缘有锐锯齿，两面无毛，表面光泽；托叶大多附生在叶柄上。花单生或数朵聚生，花大而色形丰富，芳香。果球形，红色。花期长，4—10 月，果期 9—11 月。

生态习性：喜阳光充足，耐寒、耐旱，喜排水良好、疏松肥沃的壤土或轻壤土，生长势强而且较嗜肥，其中部分品种的抗寒性较弱。

园林用途：现代月季通过不断选育和反复杂交，成为最受欢迎，品种最多的类别，包括大量极为美丽且符合各类园林应用的优良品种。色艳花香，适应性强，最宜作花篱、花镜、花坛及专类园栽植。

相近种、变种及品种："和平"、"天晴"、"国色天香"、"金背大红"、"蝴蝶夫人"等品种。

1. 花枝；2. 果实

90 缫丝花（刺蘼、刺梨、文光果）
Rosa roxburghii

科属：蔷薇科　蔷薇属。

株高形态：开展灌木，高 1～2.5 m。

识别特征：树皮灰褐色，成片状剥落；小枝圆柱形，斜向上升，有基部稍扁而成对皮刺。小叶片椭圆形，边缘有细锐锯齿，网脉明显；托叶大部贴生于叶柄，离生部分呈钻形。花单生或 2～3 朵；小苞片 2～3 枚，卵形；花瓣重瓣至半重瓣，淡红色或粉红色。果扁球形，绿红色，外面密生针刺。花期 5—7 月，果期 8—10 月。

生态习性：喜温暖湿润和阳光充足环境，适应性强，较耐寒，稍耐阴，对土壤要求不严，但以肥沃的沙壤土为好。

园林用途：缫丝花花朵秀美，粉红的花瓣中密生一圈金黄色花药，十分别致，黄色刺颇具野趣，适用于坡地和路边丛植。

相近种、变种及品种：单瓣缫丝花、贵州缫丝花、中甸刺玫。

1. 花枝；2. 果枝；3. 果纵剖面

91 玫瑰

Rosa rugosa

科属：蔷薇科　蔷薇属。

株高形态：直立灌木,高可达 2 m。

识别特征：落叶灌木,茎粗壮,丛生;小枝密被绒毛,并有针刺和腺毛,有直立或弯曲、淡黄色的皮刺,皮刺外被绒毛。羽状复叶,小叶 5～9 枚,椭圆形至椭圆倒卵形,表面多皱,下面有刺毛,托叶大部与叶柄合生。花单生或数朵聚生,紫红色,单瓣,芳香。果扁球形,红色。花期 4—5 月,果期 8—9 月。

生态习性：喜阳光充足,耐寒、耐旱,喜排水良好、疏松肥沃的壤土或轻壤土,在黏壤土中生长不良,开花不佳。

园林用途：玫瑰色艳花香,适应性强,最宜作花篱、花镜、花坛及坡地栽植。

相近种、变种及品种：白玫瑰、白花重瓣玫瑰、紫花重瓣玫瑰、粉花单瓣玫瑰。

1. 具刺枝；2. 叶；3. 叶脉；4. 花

92 粉花绣线菊（日本绣线菊、蚂蟥梢、火烧尖）

Spiraea japonica

科属：蔷薇科　绣线菊属。

株高形态：直立灌木,高达 1.5 m。

识别特征：落叶灌木。枝条细长,开展,小枝近圆柱形。叶片卵形至卵状椭圆形,先端急尖至短渐尖,基部楔形,边缘有缺刻状重锯齿或单锯齿,上面暗绿色,下面色浅或有白霜。复伞房花序生于当年生的直立新枝顶端,花朵密集,密被短柔毛;花瓣卵形至圆形,先端通常圆钝,粉红色。蓇葖果半开张。花期 6—7 月,果期 8—9 月。

生态习性：喜光,略耐阴。生长强健,适应性强,耐寒、耐旱、耐瘠薄。在湿润、肥沃土壤生长旺盛。

园林用途：粉红绣线菊枝叶茂密,开花繁盛,可布置草坪及小路角隅等处,或种植于门庭两侧,或花坛、花径,也可配置花篱。盛开时宛若锦带。

相近种、变种及品种：尖叶粉花绣线菊、裂叶粉花绣线菊。

1. 花枝；2. 雌蕊；3. 雄蕊；
4. 花(复伞房花序)；5. 果

93 胡颓子（蒲颓子、半含春、卢都子、三月枣、羊奶子）

Elaeagnus pungens

科属： 胡颓子科　胡颓子属。

株高形态： 直立灌木，高 3～4 m。

识别特征： 常绿灌木。枝开展，常有刺，小枝锈褐色，被鳞片。单叶互生，叶革质，椭圆形，叶缘波状而常反卷，表面深绿色，背面有银白色及褐色鳞片。花，银白色，1～3 朵簇生于腋内，下垂，有芳香。果实椭圆形，红色，被锈色鳞斑，果熟时味甜可食。花期 9—12 月，果期次年 4—6 月。

生态习性： 喜光，也耐阴。喜温暖环境，不耐寒。耐瘠薄、耐水湿，也耐干旱。对土壤的要求不高，从酸性到微碱性土壤都能生长，但喜肥沃、湿润和排水良好的土壤。对有害气体有较强的抗性。

园林用途： 胡颓子叶色奇特秀丽，花吐芬芳，红色小果似小红灯笼缀满枝头，十分雅致，宜配置于林缘道旁，也可修剪成球形。

相近种、变种及品种： 卵叶胡颓子、金边胡颓子、镶边胡颓子、金心胡颓子、银边胡颓子、银心胡颓子。

1. 花枝；2,3. 雄蕊；4. 花；5. 叶

94 枣（枣树、红枣、白蒲枣、老鼠屎）

Ziziphus jujuba

科属： 鼠李科　枣属。

株高形态： 小乔木，稀灌木，高达 10 余米。

识别特征： 落叶乔木。树皮褐色或灰褐色；有长枝（枣头）和短枝（枣股），长枝"之"字形曲折。叶长椭圆形状卵形，先端微尖或钝，基部歪斜。花小，黄绿色，8～9 朵簇生于脱落性枝（枣吊）的叶腋，成聚伞花序。核果长椭圆形，暗红色。花期 6—7 月，果期 8—9 月。

生态习性： 暖温带阳性树种。喜光，好干燥气候。耐寒，耐热，又耐旱涝。在肥沃的微碱性或中性砂壤土生长最好。根系发达，萌蘖力强。耐烟熏，不耐水雾。

园林用途： 枣树枝梗劲拔，翠叶垂荫，朱实累累。宜在庭园、路旁散植或成片栽植，亦是结合生产的好树种。其老根古干可作树桩盆景。

相近种、变种及品种： 酸枣、无刺枣、龙爪枣、葫芦枣。

1. 花枝；2. 果枝；3. 具刺的小枝；
4. 花；5. 果核；6. 种子

95 榔榆(小叶榆、秋榆、掉皮榆、豹皮榆、挠皮榆)

Ulmus parvifolia

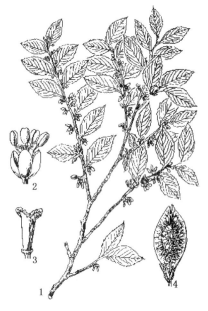

1. 花枝；2. 花；3. 雄蕊；4. 果

科属：榆树科 榆树属。

株高形态：大乔木，高达 25 m。树冠扁圆头形。

识别特征：落叶乔木。树皮红褐色或黄褐色，平滑，老时呈不规则圆片状剥落形成斑驳，较为雅致美观。小枝纤柔下垂，红褐色。单叶互生，较小，近革质，有光泽，卵状椭圆形或长椭圆形，先端钝尖，基部歪斜，缘多单锯齿。聚伞花序簇生。翅果椭圆形至卵形。花果期 8—10 月。

生态习性：速生树。阳性树种。耐旱，耐寒，耐瘠薄，耐湿，不择土壤，适应性很强。萌芽力强，耐修剪。寿命长。抗污染，叶面滞尘能力强。

园林用途：榔榆树干略弯，树皮斑驳雅致，小枝弯垂，秋日叶色变红，是良好的观赏树及工厂绿化、四旁绿化、盆景树种，但病虫害较多。

相近种、变种及品种：越南榆。

96 榆树(白榆、家榆)

Ulmus pumila

1. 花枝；2. 果枝；3. 花；4. 果

科属：榆树科 榆树属。

株高形态：大乔木，高达 25 m。树冠圆球形。

识别特征：落叶乔木。树皮灰黑色，纵裂而粗糙。小枝灰色，常排列成二列状。叶椭圆状卵形，先端尖，基部稍歪，边缘具单锯齿。花先叶后花，紫褐色，簇生于一年生枝上。翅果近圆形或倒卵形，先端有缺裂。种子位于翅果中央。花果期 3—6 月。

生态习性：速生树。喜光，耐寒，抗旱，不耐水湿。喜肥沃、湿润而排水良好的土壤，在干旱、瘠薄和轻盐碱土也能生长。萌芽力强，耐修剪，主根深，侧根发达，抗风、保土力强。对烟尘及 HF 等有毒气体的抗性较强。

园林用途：榆树树干通直，树形高大，绿荫较浓，适应性强，生长快，常用作行道树、庭荫树。在干瘠、严寒之地常呈灌木状用作绿篱。可制作盆景。还是防风林、水土保持林和盐碱地造林的主要树种之一。

相近种、变种及品种：垂枝榆、龙爪榆、灰榆。

97 榉树（血榉、金丝榔、沙榔树、毛脉榉、大叶榉）

Zelkova serrata

科属：榆树科　榉树属。

株高形态：大乔木，高达 30 m，胸径达 100 cm。树冠倒卵状伞形。

识别特征：落叶乔木。树皮灰白色或褐灰色，呈不规则片状剥落。叶纸质，卵形、椭圆形或卵状披针形；基部稍偏斜；边缘有圆齿状锯齿。雄花具极短的梗；雌花近无梗。核果几乎无梗，淡绿色，斜卵状圆锥形，上面偏斜，凹陷，表面被柔毛，具宿存的花被。花期 4 月，果期 9—11 月。

生态习性：慢生树。深根性树种，寿命长。喜光，喜温暖环境。对土壤的适应性强，酸性、中性、碱性土及轻度盐碱土均可生长。抗风力强。忌积水，不耐干旱和贫瘠。

园林用途：榉树树姿端庄，秋叶变成褐红色，是观赏秋色叶的优良树种，常种植于路旁、墙边，作孤植、丛植配置或作行道树。适应性强，是城乡绿化和营造防风林的好树种。

相近种、变种及品种：大果榉、大叶榉树。

1. 花枝；2. 果枝

98 珊瑚朴（棠壳子树）

Celtis julianae

科属：大麻科　朴树属。

株高形态：大乔木，高 27 m。树冠圆球形。

识别特征：落叶乔木，小枝密被黄色绒毛，芽被褐色毛。叶宽卵形，端短渐尖或尾尖，叶正面较粗糙、背面密被黄色绒毛，中部以上具钝圆锯齿或近全缘。果核卵球形，较大，熟时橙红色。花期 3—4 月，果期 9—10 月。

生态习性：深根性树种。生长速度中等偏快。喜光，稍耐阴，对土壤要求不严，在微酸性土、中性土及石灰性土中皆能生长。寿命长，抗污染性强，少病虫害。

园林用途：珊瑚朴树干端直，冠大荫浓，春天满树红褐色花序，酷似珊瑚，适应性强，深根性，生长速度较快，寿命较长，病虫害少，抗烟尘及有毒气体，较能适应城市环境，可作行道树、庭荫树及防护林树种等。

相近种、变种及品种：大叶朴、小果朴、紫弹朴、天目朴树。

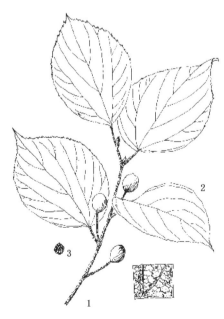

1. 果枝；2. 叶；3. 果核

Pteroceltis tatarinowii

1. 果枝

科属：大麻科　青檀属。

株高形态：大乔木,高可达 20 m 以上。树冠球形。

识别特征：落叶乔木。树皮灰色或深灰色,不规则的长片状剥落;叶纸质,宽卵形至长卵形,基部不对称,边缘有不整齐的锯齿,基部 3 出脉。翅果状坚果近圆形或近四方形,黄绿色或黄褐色,翅宽。花期 3—5 月,果期 8—10 月。

生态习性：生长速度中等。阳性树。适应性较强,喜生于石灰岩山地,也能在花岗岩、砂岩地区生长。较耐干旱瘠薄,根系发达。萌性强,寿命长。

园林用途：青檀树形美观,形态各异,秋叶金黄,季相分明,极具观赏价值。可孤植、片植于庭院、山岭、溪边,也可作为行道树成行栽植。寿命长,耐修剪,是优良的盆景观赏树种,也是石灰岩山地的造林树种。

相近种、变种及品种：无。

---

100 构树(褚桃、褚、谷桑、谷树)

Broussonetia papyrifera

1. 雄花枝；2,3. 雌花枝；4. 雄花；
5. 雌花；6. 雌花蕊；7. 瘦果；8. 聚花果

科属：桑科　构树属。

株高形态：乔木,高 10～20 m。

识别特征：落叶乔木。树皮暗灰色,小枝密被丝状刚毛。叶螺旋状排列,卵形,叶缘具粗锯齿,不分裂或 3～5 裂。花雌雄异株。聚花果橙红色,肉质。瘦果具与等长的柄,表面有小瘤,龙骨双层,外果皮壳质。花期 4—5 月,果期 6—7 月。

生态习性：喜光。对气候、土壤适应性都很强。耐干旱瘠薄,亦耐湿,生长快,病虫害少,根系浅,侧根发达,根蘖性强,对烟尘及多种有毒气体抗性强。

园林用途：构树枝叶茂密,适应性强,可作庭荫树及防护林树种,是工矿区绿化的优良树种。在城市行人较多处宜种植雄株,以免果实之污染。在人迹较少的公园偏僻处、防护林带等处可种植雌株,聚花果能吸引鸟类觅食,以增添山林野趣。

相近种、变种及品种：楮、葡蟠。

101 柘（奴柘、灰桑、黄桑、棉柘、柘树）

Cudrania tricuspidata

科属：桑科　柘属。

株高形态：灌木或小乔木，高 1～7 m。树冠伞形。

识别特征：落叶乔木。树皮灰褐色，小枝无毛，略具棱，有棘刺。叶卵形或菱状卵形，偶为三裂，先端渐尖，基部楔形至圆形，绿色，背面绿白色，无毛或被柔毛，侧脉 4～6 对。雌雄异株，雌雄花序均为球形头状花序，单生或成对腋生，具短总花梗。聚花果近球形，肉质，成熟时桔红色。花期 5—6 月，果期 6—7 月。

生态习性：慢生树。生于阳光充足的山地或林缘，喜光，耐干旱贫瘠，多生于山野路边或石缝中，为喜钙树种。

园林用途：柘叶秀果丽，适应性强，可在公园的边角、背阴处、街头绿地作庭荫树或刺篱、绿篱。繁殖容易、经济用途广泛，是风景区绿化、荒滩保持水土的先锋树种。

相近种、变种及品种：景东柘、构棘、柘藤。

1. 具刺枝；2. 雌花枝；3. 雌花；
4. 雌蕊；5. 雄花；6. 果枝

102 无花果（阿驵）

Ficus carica

科属：桑科　榕属。

株高形态：小乔木，高 3～10 m，多分枝。

识别特征：落叶乔木。树皮灰褐色，皮孔明显；小枝直立、粗壮。叶互生，厚纸质，广卵圆形，通常 3～5 裂，小裂片卵形，边缘具不规则钝齿，表面粗糙，基部浅心形。雌雄异株，雄花和瘿花同生于一榕果内壁。榕果单生叶腋，大而梨形，紫红色或黄色，基生苞片 3，卵形；瘦果透镜状。花果期 5—7 月。

生态习性：喜光，喜湿润气候，稍耐寒。对土壤要求不高，耐旱，以肥沃的砂质壤土栽培最宜。

园林用途：无花果树势优雅；叶片大，呈掌状裂，叶面粗糙，具有良好的吸尘效果，是庭院与公共绿地的观赏树木。抗性强，是化工污染区绿化的好树种；抗风、耐旱、耐盐碱，在干旱的沙荒地区栽植，可以起到防风固沙、绿化荒滩地作用。

相近种、变种及品种："波姬红"无花果。

1. 果；2. 叶；3. 叶缘

103 薜荔(凉粉子、木莲、凉粉果、冰粉子、鬼馒头)

Ficus pumila

1. 叶；2. 果；3. 叶柄

科属：桑科　榕属。

株高形态：攀援或匍匐灌木。

识别特征：常绿灌木。借气生根攀援,小枝有褐色绒毛。叶卵状心形,全缘,先端钝,基部3主脉,厚革质,网脉甚明显,呈蜂窝状。同株上有异性小叶,叶柄很短。托叶2,披针形,被黄褐色丝状毛。榕果单生叶腋,瘿花果梨形。瘦果近球形,有黏液。花果期5—8月。

生态习性：喜温暖湿润气候,常生于平原、丘陵和山麓。耐阴、耐旱,不耐寒;在酸性、中性土上能生长。

园林用途：薜荔攀缘及生存适应性强,在园林绿化方面可用于垂直绿化,用作点缀假山石及绿化墙垣和树干,结果枝为主的植株可以修剪作为绿篱使用。

相近种、变种及品种：爱玉子。

104 桑(家桑、桑树)

Morus alba

1. 雌花枝；2. 雄花枝；3. 叶片；
4,5. 雌花及花图式；6,7. 雌花及
花图式；8. 幼苗

科属：桑科　桑属。

株高形态：乔木或为灌木,高3～10 m或更高,胸径可达50 cm。树冠倒卵圆形。

识别特征：落叶植物。树皮厚,灰色,具不规则浅纵裂。叶卵形,叶端尖,叶基圆形或浅心脏形,边缘有粗锯齿,有时有不规则的分裂。叶面无毛,有光泽,叶背脉上有疏毛。雌雄异株。聚花果卵状椭圆形,成熟时红色或暗紫色。花期4—5月,果期5—8月。

生态习性：喜光,喜湿润,耐寒,耐干旱瘠薄和水湿,对土壤的适应性强。在平原、山坡、砂土、黏土上皆可栽培。

园林用途：桑树冠宽阔,树叶茂密,秋季叶色变黄,颇为美观,且能抗烟尘及有毒气体,适应性强,适于庭院栽培观赏和城市、工矿区及乡村绿化。为良好的绿化及经济树种。

相近种、变种及品种：鲁桑、白桑、湖桑、女桑。

105 栗（板栗、魁栗、毛栗、风栗）

Castanea mollissima

科属：壳斗科　栗属。

株高形态：大乔木，高达20 m。树冠扁球形。

识别特征：落叶乔木。小枝灰褐色，托叶长圆形，被疏长毛及鳞腺。叶椭圆至长圆形，顶部短至渐尖，基部近截平或圆，或两侧稍向内弯而呈耳垂状，常一侧偏斜而不对称。花3～5朵聚生成簇。成熟壳斗的锐刺有长有短，有疏有密，密时全遮蔽壳斗外壁，疏时则外壁可见。坚果。花期4—6月，果期8—10月。

生态习性：喜光树种。对土壤要求不严，以土层深厚湿润、排水良好、含有机质较多的砂壤或砂质土为最好，喜微酸性或中性土壤，在过于黏重、排水不良处不宜生产。

园林用途：栗树冠圆广，枝茂叶大，在公园草坪及坡地孤植或群植均适宜；亦可用作山区绿化造林和水土保持树种。板栗有"木本粮食"之称，是园林结合生产的优秀树种。

相近种、变种及品种：日本栗、锥栗、茅栗。

1. 果枝；2. 花枝；3. 叶下面一部分示被毛；4. 雄花；5,7. 雄雌花图式；6. 雌花8. 果；9. 刺状苞片

106 青冈（青冈栎、铁稠）

Cyclobalanopsis glauca

科属：壳斗科　青冈属。

株高形态：大乔木，高达20 m，胸径可达1 m。树冠伞形。

识别特征：常绿乔木。小枝无毛。叶片革质，倒卵状椭圆形或长椭圆形，顶端渐尖或短尾状，基部圆形或宽楔形，叶缘中部以上有疏锯齿，叶面无毛，叶背有整齐平伏白色单毛，常有白色鳞秕。雄花序轴被苍色绒毛。坚果卵形、长卵形或椭圆形，无毛或被薄毛，果脐平坦或微凸起。花期4—5月，果期10月。

生态习性：喜温暖多雨气候，较耐阴；喜钙质土壤，常生于石灰岩山地，在排水良好、腐殖质深厚的土壤上亦生长很好。

园林用途：青冈枝叶茂密，树姿优美，终年常绿，是良好的绿化、观赏及造林树种。萌芽力强，具有较好的抗有毒气体、隔音和防火功能，可作绿篱、绿墙、厂矿绿化、防风林、防火林等。

相近种、变种及品种：白枝青冈、环青冈、窄叶青冈。

1. 果枝；2. 雄花枝；3. 雌花枝；4. 雌花；5. 雄花及苞片；6. 雄花被之下面；7. 雄花；8. 苞片；9. 幼苗

107 麻栎（栎、橡碗树）

Quercus acutissima

1. 果枝；2. 花枝；3. 雄花；
4. 雌花序；5. 雌花；6. 壳斗与果

科属：壳斗科　栎属。

株高形态：大乔木,高达30 m,胸径达1 m。树冠伞形。

识别特征：落叶乔木。树皮深灰褐色,深纵裂。叶片为长椭圆状披针形,顶端长渐尖,基部圆形或宽楔形,叶缘有刺芒状锯齿,叶片两面同色。雄花序常数个集生于当年生枝下部叶腋,有花1～3朵。坚果卵形或椭圆形,顶端圆形,果脐突起。花期3—4月,果期翌年9—10月。

生态习性：深根性。喜光,喜湿润气候,耐旱、耐寒；对土壤要求不严,但不耐盐碱土。以深厚、肥沃、湿润而排水条件良好的中性至微酸性土的山沟、山麓地带生长最为适宜。

园林用途：麻栎树形高大,树冠伸展,浓荫葱郁,可作庭荫树、行道树。若与枫香、青冈等混植,可构成风景林。抗火、抗烟能力较强,也是营造防风林、防火林、水源涵养林的乡土树种。

相近种、变种及品种：北方麻栎、北方尖栎、扁果麻栎。

108 杨梅（山杨梅、朱红、珠蓉、树梅）

Myrica rubra

1. 雄花枝；2. 叶；3. 叶下面腺体；4. 果枝；
5. 雌蕊；6. 雄蕊；7. 果纵剖面

科属：杨梅科　杨梅属。

株高形态：中乔木,高可达15 m以上,胸径可超过60 cm。树冠圆球形。

识别特征：常绿乔木。叶革质,无毛,绿色,常密集于小枝上端部分；长椭圆状。花雌雄异株。核果球状,外表面具乳头状凸起,外果皮肉质,多汁液及树脂,味酸甜,成熟时深红色或紫红色；核常为阔椭圆形或圆卵形,略成压扁状,内果皮极硬,木质。4月开花,6—7月果实成熟。

生态习性：浅根性树种。喜光,较耐阴。喜松软、排水良好的砂质土壤。

园林用途：杨梅枝繁叶茂,树冠圆整,初夏又有红果累累,十分可爱,是园林结合生产的优良树种。孤植、丛植于草坪、庭院,或列植于路边都很合适；若采用密植方式来分隔空间或遮蔽构筑物效果也很理想。

相近种、变种及品种：青杨梅、毛杨梅、云南杨梅。

109 **薄壳山核桃**（美国山核桃）

Carya illinoensis

科属：核桃科　山核桃属。

株高形态：大乔木,高可达 50 m,胸径可达 2 m。树冠近广卵形。

识别特征：落叶乔木。树皮粗糙,深纵裂。小枝灰褐色,具稀疏皮孔。奇数羽状复叶;小叶具极短的小叶柄,卵状披针形,边缘具单锯齿或重锯齿。雌性穗状花序直立,花序轴密被柔毛,具 3～10 雌花。果实矩圆状或长椭圆形,有 4 条纵棱,外果皮 4 瓣裂,革质,5 月开花,9—11 月果成熟。

生态习性：深根性树种。生长速度中等,寿命长。喜光,喜温暖湿润气候,有一定耐寒性。适生于疏松排水良好、土层深厚肥沃的沙壤中、冲积土。不耐干旱,耐水湿。

园林用途：薄壳山核桃树体高大,枝叶茂密,树姿优美,又因根系发达、性耐水湿、很适于河滨、湖滨及平原地区绿化造林。在园林绿地中可孤植、丛植于坡地或草坪。

相近种、变种及品种：胡桃。

1. 花枝;2. 果枝;3. 叶下面片断;
4,5. 雌花;6. 雄花;7. 裂开的果

110 **胡桃**（核桃）

Juglans regia

科属：核桃科　胡桃属。

株高形态：大乔木,高达 20～25 m。树冠广卵形。

识别特征：落叶乔木。树皮灰白色而纵向浅裂。奇数羽状复叶;小叶通常 5～9 枚,椭圆状卵形至长椭圆形,果序短,杞俯垂,具 1～3 果实;果实近于球状,无毛;果核稍具皱曲,有 2 条纵棱,顶端具短尖头;隔膜较薄,内里无空隙;内果皮壁内具不规则的空隙或无空隙而仅具皱曲。花期 5 月,果期 10 月。

生态习性：深根性。喜光,喜温凉气候。喜肥沃湿润的沙质壤土。抗旱性较弱,不耐盐碱;不耐移植,有肉质根,不耐水淹。

园林用途：胡桃树冠开展,浓荫覆地,干皮灰白色,姿态魁伟美观,是优良的园林结合生产树种。孤植或两三株丛植庭院、公园、草坪、建筑旁;居民新村、风景疗养区亦可用作庭荫树、行道树。秋叶金黄色,宜做风景林装点秋色。

相近种、变种及品种：泡核桃、核桃楸。

1. 雄花枝;2. 雌花枝;3. 果序;
4,5. 雄花苞片、花被及雄蕊;
6. 雄蕊;7. 雌花;8. 果;9. 果横切面

111 枫杨（麻柳、娱蛤柳）

Pterocarya stenoptera

1. 雄花枝；2. 果枝；3. 冬态枝；
4. 雄花；5,6. 苞片及雌花；7. 果

科属：核桃科　枫杨属。

株高形态：大乔木，高达30 m，胸径达1 m。树冠广卵形或略扁平

识别特征：落叶乔木。幼树树皮平滑，浅灰色，老时则深纵裂。叶多为偶数或稀奇数羽状复叶。雄性荑黄花序单独生于去年生枝条上叶痕腋内，花序轴常有稀疏的星芒状毛。果实长椭圆形，基部常有宿存的星芒状毛；果翅狭，条形或阔条形，具近于平行的脉。花期4—5月，果熟期8—9月。

生态习性：速生树，深根性。寿命长。喜光，略耐侧荫。耐寒能力不强，喜温暖湿润气候及肥沃的土壤，耐干旱瘠薄。抗风耐火，对 SO_2 和 Cl_2 抗性较强。不耐修剪，不耐移植。

园林用途：枫杨树冠广展，枝叶茂密，生长快速，根系发达，为河床两岸低洼湿地的良好绿化树种，还可防治水土流失。既可以作为行道树，也可成片种植或孤植于草坪及坡地，均可形成一定景观，现已广泛栽植作园庭树或行道树。

相近种、变种及品种：湖北枫杨、越南枫杨。

112 卫矛（鬼箭羽）

Euonymus alatus

1. 花枝；2. 果

科属：卫矛科　卫矛属。

株高形态：灌木，高1～3 m。树冠呈球形。

识别特征：落叶灌木。小枝常具2～4列宽阔木栓翅。叶从椭圆形至卵圆形，有锯齿，单叶对生，两面光滑无毛，春为深绿色，初秋开始变血红色或火红色。聚伞花序1～3花；花白绿色；花瓣近圆形。蒴果1～4深裂，裂瓣椭圆状。种子椭圆状，种皮褐色，假种皮橙红色，全包种子。花期5—6月，果期7—10月。

生态习性：喜温暖向阳环境，适应性强，耐寒。对土壤要求不严，田园土、砂壤土或中性土均能生长良好。

园林用途：卫矛枝翅奇特，秋叶红艳耀目，果裂亦红，为观赏佳木，可应用于城市园林、道路、公路绿化的绿篱带、色带拼图和造型。卫矛抗性强，能净化空气，美化环境。

相近种、变种及品种：栓翅卫矛、密实卫矛、扶芳藤、爬行卫矛。

113 扶芳藤

Euonymus fortunei

科属：卫矛科　卫矛属。

株高形态：藤本灌木,高至数米。

识别特征：常绿藤本。小枝方棱不明显。叶薄革质,椭圆形、边缘齿浅不明显；聚伞花序 3～4 次分枝,花 4～7 朵,花白绿色,4 数。蒴果粉红色,果皮光滑,近球状；种子长方椭圆状,棕褐色,假种皮鲜红色,全包种子。花期 6 月,果期 10 月。

生态习性：喜温暖、湿润的气候。较耐寒,耐阴,不喜阳光直射。耐盐碱,耐贫瘠。

园林用途：生长旺盛,终年常绿,是庭院中常见地面覆盖植物。适宜点缀在墙角、山石等。作立体绿化时其攀援能力有限。生长快,极耐修剪,而老枝干上的隐芽萌芽力强,故成球后,基部枝叶茂盛丰满,非常美观。冬季耐寒,已越来越多地应用于北京、山东的园林绿化中。扶芳藤能抗有害气体,能力强、可作为工矿区环境绿化树种。

相近种、变种及品种：常春卫矛、冬青卫矛。

1. 花；2. 果枝；3. 攀援枝

114 冬青卫矛(大叶黄杨)

Euonymus japonicus

科属：卫矛科　卫矛属。

株高形态：大灌木,高可达 3 m。

识别特征：常绿灌木。小枝四棱,具细微皱突。叶革质,有光泽,倒卵形或椭圆形。聚伞花序 5～12 花；小花梗花白绿色；花瓣近卵圆形。蒴果近球状,淡红色；种子每室 1,顶生,椭圆状,假种皮桔红色,全包种子。花期 6—7 月,果熟期 9—10 月。

生态习性：阳性树种,喜光耐阴,要求温暖湿润的气候和肥沃的土壤。萌生性强,土壤适应性强,较耐寒,耐干旱瘠薄。

园林用途：冬青卫矛耐整形扎剪,园林中多作为绿篱和整型植株材料,植于门旁、草地,或作大型花坛中心。对多种有毒气体抗性很强,能净化空气,是污染区理想的绿化树种。

相近种、变种及品种：金边黄杨、银边黄杨、扶芳藤、北海道黄杨。

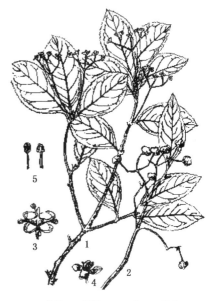

1.花枝；2.果枝；3,4.花；5.雄蕊

115 白杜（丝棉木、明开夜合）

Euonymus maackii

1. 果；2. 花蕾；3. 花瓣；4. 雄蕊；
5. 雌蕊；6. 花枝

科属：卫矛科　卫矛属。

株高形态：小乔木，高达 6～10 m。树冠圆形或卵圆形。

识别特征：落叶乔木。小枝细长，绿色，无毛。叶对生，卵形，先端急长尖，基部近圆形，缘有细锯齿，叶柄细长。花淡绿色，3～7 朵成聚伞花序；雄蕊花药紫红色，花丝细长。蒴果倒圆心状，粉红色，4 深裂。种子长椭圆状，具橘红色假种皮、棕黄色种皮，全包种子，成熟后顶端常有小口。花期 5—6 月，果期 9 月。

生态习性：中生偏慢树种。根系深而发达，能抗风，萌蘖力强。喜光，稍耐阴；耐寒，对土壤要求不严，耐干旱，耐水湿，以肥沃、湿润而排水良好之土壤生长最好。

园林用途：白杜枝叶秀丽，粉红色蒴果悬挂枝上甚久，是良好的园林观赏树种。宜植于林缘、草坪、路旁、湖边及溪畔，也可用做防护林及工厂绿化树种。

相近种、变种及品种：桃叶卫矛、流苏卫矛、西南卫矛。

116 杜英（杜英、胆八树）

Elaeocarpus decipiens

1. 花枝；2. 果枝；3. 果；4. 花

科属：杜英科　杜英属。

株高形态：小乔木，高可达 15 m。树冠卵球形。

识别特征：常绿乔木。树皮深褐色，平滑不裂；小枝纤细，红褐色。叶薄革质，倒卵状长椭圆形，基部楔形，缘有浅钝齿，脉腋有时具腺体；绿叶中常存有少量鲜红的老叶。腋生总状花序；花下垂，花瓣白色，细裂如丝；雄蕊多数；子房有绒毛。核果椭球形，熟时暗紫色。花期 6—7 月。

生态习性：中生偏快树种。稍耐阴，喜温暖湿润气候，耐寒性不强；适生于酸性的黄壤和红黄壤山区，若在平原栽植，必须排水良好。根系发达，萌芽力强，耐修剪。对 SO_2 抗性强。

园林用途：杜英枝叶茂密，树冠圆整，霜后部分叶变红色，红绿相间，颇为美丽。宜于草坪、坡地、林缘、庭前、路口丛植，也可栽作其他花木的背景树，或列植成绿墙起遮挡及隔声作用。因对 SO_2 抗性强，可选作工矿区绿化和防护林带树种。

相近种、变种及品种：金毛杜英、滇南杜英、大叶杜英。

117 山麻杆(荷包麻)

Alchornea davidii

科属：大戟科　山麻杆属。

株高形态：灌木,丛生,高 1～5 m。

识别特征：落叶灌木。茎直而少分支,常紫红色,有绒毛。叶圆形至广卵形,缘有锯齿,先端急尖或钝圆,基部心形,3 主脉,表面绿色,疏生短毛,背面紫色,密生绒毛。花雌雄同株,雄花密生,成短穗状花序;雌花疏生,成总状花序。蒴果扁球形,密生短柔毛;种子球形。花期 3—5月,果期 6—7 月。

生态习性：喜光,稍耐阴;喜温暖湿润气候,不耐寒;对土壤要求不严,在微酸性及中性土壤中均能生长。萌蘖性强。

园林用途：观嫩叶树种。早春嫩叶及新枝均为紫红色,十分醒目美观,平时叶也常带紫红褐色,是园林中常见的观叶树种之一。丛植于庭前、路边、草坪或山石旁均为适宜。

相近种、变种及品种：椴叶山麻杆、红背山麻杆。

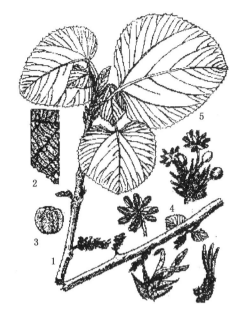

1. 茎；2. 叶(局部)；3. 果；
4. 花；5. 叶

118 乌桕(腊子树、桕子树、木子树)

Sapium sebiferum

科属：大戟科　乌桕属。

株高形态：中乔木,高可达 15 m。树冠圆球形。

识别特征：落叶乔木。各部均无毛,具乳汁;树皮暗灰色、浅纵裂。叶互生,纸质,菱状广卵形,先端尾状,全缘,两面均光滑无毛;叶柄细长,顶端有两腺体。花序穗状,顶生,花小,黄绿色。蒴果 3 棱状球形,熟时黑色,3裂,果皮脱落;种子黑色,外被白蜡。花期 4—8 月。

生态习性：中生偏快树种。喜光,喜温暖气候及深厚肥沃而水分丰富的土壤。有一定的耐寒、耐旱、耐水湿及抗风能力。对土壤适应范围较广,抗火烧,对 SO_2 及 HCl 抗性强。

园林用途：乌桕树冠整齐,叶形秀丽,入秋叶色红艳可爱。宜植于水边、池畔、坡谷、草坪,若与亭廊、花墙、山石等相配,也甚协调。冬日白色种子挂满枝头,经久不凋,也颇美观。在园林绿化中可栽作护堤树、庭荫树及行道树。

相近种、变种及品种：山乌桕、多果乌桕、圆叶乌桕。

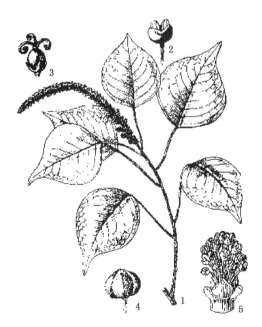

1. 花枝；2. 雄花；3. 雌花；
4. 果；5. 雌花花序

重阳木（茄冬树、红桐、水杞木）

Bischofia polycarpa

1. 果枝；2. 雄花枝；3. 雄花；4. 雌花枝；
5. 雌花；6. 子房横剖面

科属：叶萝摩科　秋枫属。

株高形态：大乔木，高达 15 m，胸径 50～100 cm。树冠伞形。

识别特征：落叶乔木。树皮褐色，纵裂，大枝斜展，小枝当年生枝绿色，皮孔明显，灰白色，老枝变褐色。三出复叶；顶生小叶通常较两侧的大，小叶片纸质，卵形缘有细钝齿，两面光滑无毛。花小，雌雄异株，绿色，成总状花序。浆果球形，熟时红褐色。花期 4—5 月，果期 10—11 月。

生态习性：喜光，稍耐阴；耐寒力弱；对土壤要求不严，能耐水湿。根系发达，抗风力强；生长较快。对 SO_2 有一定抗性。

园林用途：重阳木枝叶茂密，树姿优美，早春嫩叶鲜绿光亮，入秋叶色转红，颇为美观。宜作庭荫树及行道树，也可作堤岸绿化树种。适宜在草坪、湖畔、溪边丛植点缀可形成壮丽的秋景。

相近种、变种及品种：秋枫。

加拿大杨（加杨、欧美杨、加拿大白杨、美国大叶白杨）

Populus × canadensis

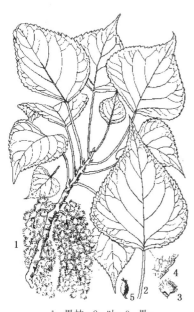

1. 果枝；2. 叶；3. 果；
4. 叶（局部）；5. 雌花

科属：杨柳科　杨属。

株高形态：大乔木，高 30 多米。树冠卵圆形。

识别特征：落叶乔木。树皮灰褐色，粗糙，纵裂。大枝微向上斜伸，小枝圆柱形，稍有棱角。叶近正三角形，先端渐尖，基部截形，具钝齿，上面暗绿色，下面淡绿色。蒴果卵圆形。雄株多，雌株少。花期 4 月，果期 5—6 月。

生态习性：快生树。杂种优势明显，生长势和适应性均较强。性喜光，颇耐寒，喜湿润而排水良好的冲积土，对水涝、盐碱和瘠薄土地均有一定的耐性，能适应暖热气候。对 SO_2 抗性强，并具有吸收能力。萌芽力、萌蘖力均较强。寿命较短。

园林用途：加杨树体高大，树冠宽阔，叶片大而具光泽，夏季绿荫浓密，很适合作行道树、庭荫树及防护林用。由于它具有适应性强、生长快等特点，已成为中国华北及江淮平原最常见的绿化树种之一。

相近种、变种及品种：尤金杨、新生杨、意大利 214 杨。

121 垂柳（水柳、垂丝柳、清明柳）

Salix babylonica

科属：杨柳科　柳属。

株高形态：大乔木，高达 12～18 m。树冠开展而疏散，倒广卵形。

识别特征：落叶乔木。树皮灰黑色，不规则开裂；枝细，下垂。叶狭披针形或线状披针形，先端长渐尖，锯齿缘。花序先叶开放，或与叶同时开放；雄花具 2 雌蕊，2 腺体；雌花子房仅腹面具 1 腺体。蒴果带绿黄褐色。花期 3—4 月，果期 4—5 月。

生态习性：快生树。喜光，喜温暖湿润气候及潮湿深厚的酸性、中性土壤。较耐寒，特耐水湿。萌芽力强，根系发达。

园林用途：垂柳枝条细长，柔软下垂，随风飘舞，姿态优美潇洒，植于河岸及湖池边最为理想，柔条依依拂水，别有风致，自古即为重要的庭园观赏树。亦可用做行道树、庭荫树、固岸护堤树及平原造林树种。对有毒气体抗性较强，并能吸收 SO_2，故也适用于工厂区绿化。

相近种、变种及品种：曲枝垂柳、圆头柳、银叶柳、绦柳。

1. 雌花序枝；2. 叶；3. 雄花；4,5. 果

122 腺柳（河柳）

Salix chaenomeloides

科属：杨柳科　柳属。

株高形态：小乔木。树冠馒头形。

识别特征：落叶乔木。枝暗褐色或红褐色，有光泽。叶椭圆形、卵圆形至椭圆状披针形，先端急尖，基部楔形，两面光滑，上面绿色，下面苍白色或灰白色，边缘有腺锯齿。雄蕊一般 5；雌花腺体 2。蒴果卵状椭圆形。花期 4 月，果期 5 月。

生态习性：速生树。深根性树种。喜光，不耐阴，较耐寒。喜潮湿肥沃的土壤。萌芽力强，耐修剪。

园林用途：俗称彩叶柳，属变色彩叶树种，其树形美观，色彩亮丽，春季新梢叶呈紫红色；初夏成嫣红色，夏季叶转黄色；秋凉后又转绿色，观赏性极强，可作为绿化树种植于湖泊、池塘周围及河流两岸。也可作防护林绿化树种。

相近种、变种及品种：钝叶腺柳、云南柳、浙江柳、秦柳。

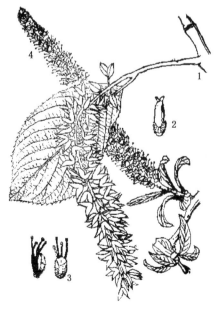

1. 果枝；2. 果；3. 雄花；4. 雌花序

123 杞柳（柳条、绵柳、簸箕柳）
Salix integra

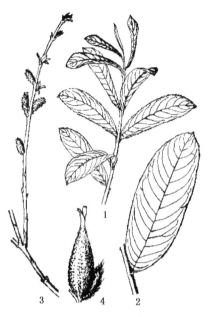

1. 小枝；2. 叶；3. 雌花序枝；4. 果

科属：杨柳科　柳属。

株高形态：大灌木，高1～3 m。树冠笔形。

识别特征：落叶灌木。树皮灰绿色。小枝淡黄色或淡红色，无毛，有光泽。叶近对生或对生，椭圆状长圆形，全缘或上部有尖齿，幼叶发红褐色，成叶上面暗绿色，下面苍白色，中脉褐色，两面无毛。花先叶开。蒴果有毛。花期5月，果期6月。

生态习性：速生树。深根性树种。喜光照，属阳性树种。喜肥水，抗雨涝，以在上层深厚的砂壤土和沟渠边坡地生长最好。在干旱瘠薄土地条件下，枝条生长细弱矮小，寿命缩短。

园林用途：杞柳树形优美，枝条盘曲，春夏秋季节叶片外观美丽，适合种植在绿地或道路两旁。也对防风固沙，保持水土，是固堤护岸、城乡绿化和美化环境的优良树种之一。

相近种、变种及品种：欧杞柳、沙杞柳、塔城柳、彩叶杞柳。

124 金丝桃（金丝蝴蝶、过路黄、金丝海棠、金丝莲）
Hypericum monogynum

1. 花枝；2. 果序

科属：金丝桃科　金丝桃属。

株高形态：低矮灌木。高0.5～1.3 m。树冠球形。

识别特征：常绿灌木。茎红色。叶对生，无柄或具短柄；叶片长圆形，边缘平坦，叶纸质，绿色。花序具1～15花；花瓣金黄色至柠檬黄色，无红晕，开张，三角状倒卵形，全缘。蒴果宽卵珠形。种子深红褐色，圆柱形。花期5—8月，果期8—9月。

生态习性：速生树。浅根性树种。金丝桃为温带、亚热带树种，稍耐寒。喜光，略耐阴。性强健，忌积水。喜排水良好、湿润肥沃的砂质土壤。根系发达，萌芽力强，耐修剪。

园林用途：金丝桃枝叶丰满，花色鲜艳，绚丽可爱，可丛植或群植于草坪、树坛的边缘和墙角、路旁等处。华北栽培有时成落叶或半落叶状，有时多行盆栽观赏，也可作为切花材料。

相近种、变种及品种：尖萼金丝桃、无柄金丝桃、栽秧花。

125 紫薇（痒痒花、痒痒树、紫金花、百日红、无皮树）

Lagerstroemia indica

科属：千屈菜科 紫薇属。

株高形态：大灌木或小乔木，高达可 7 m。树冠馒头形。

识别特征：落叶植物。树皮平滑，灰色或灰褐色；枝干多扭曲，小枝纤细，具 4 棱，略成翅状。叶互生或有时对生，纸质，椭圆形。花淡红色或紫色、白色，顶生圆锥花序；花梗被柔毛；花瓣具长爪。蒴果椭圆状球形；种子有翅。花期 6—9 月，果期 9—12 月。

生态习性：速生树。浅根性树种。紫薇喜暖湿气候，有一定的抗寒力，萌蘖力强。喜肥，尤喜深厚肥沃的砂质土壤，耐干旱，忌涝，还具有较强的抗污染能力，对 SO_2、HF 及 Cl_2 的抗性较强。

园林用途：紫薇炎夏繁花竞放，达百日之久，故称"百日红"，是形、干、花皆美而具很高观赏价值的树种。紫薇可作为小干行道和公路的绿化树种，庭院、公共绿地观赏树种，单位、工矿区绿化树种。可孤植于各类公园、公共绿地等中，独树亦成景。

相近种、变种及品种：匍匐紫薇、南紫薇、大花紫薇。

1. 果枝；2. 花枝；3. 花；
4. 雌蕊；5. 种子

126 石榴（安石榴、山力叶、丹若、若榴木）

Punica granatum

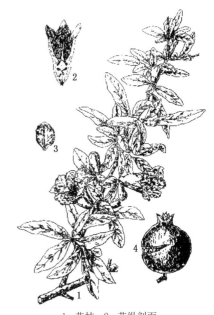

科属：千屈菜科 石榴属。

株高形态：大灌木或小乔木。高通常 3～5 m，稀达 10 m。树冠馒头形。

识别特征：落叶植物。枝顶常成尖锐长刺，幼枝具棱角，无毛，老枝近圆柱形。叶通常对生，纸质，矩圆状披针形，叶柄短。花大，1～5 朵生枝；花大，红色、黄色或白色，顶端圆。浆果近球形，为淡黄褐色或淡黄绿色，有时白色。种子多数，钝角形，红色至乳白色，肉质的外种皮供食用。果熟期 9—10 月。

生态习性：速生树。浅根性树种。喜光，不耐阴。喜温暖。耐瘠薄和干旱，怕水涝。对土壤的要求不高，但过于黏重的土壤会影响生长。对 SO_2 和 Cl_2 的抗性较强。

园林用途：石榴春天新叶嫩红色，夏天红花似火，鲜艳夺目，入秋丰硕的果实挂满枝头，是叶、花、果兼优的庭园树，宜在阶前、庭前、亭旁、墙隅等处种植。

相近种、变种及品种：月季石榴、重瓣白花石榴、黄石榴。

1. 花枝；2. 花纵剖面；
3. 花瓣；4. 果

127 红千层（红瓶刷 金宝树）

Callistemon rigidus

1. 花枝及果枝；2. 花

科属：桃金娘科　红千层属。

株高形态：小乔木。树冠球形。

识别特征：常绿乔木。树皮坚硬,灰褐色。叶片坚革质,线形,中脉在两面均突起,侧脉明显,边脉位于边上,突起；叶柄极短。穗状花序生于枝顶；花瓣绿色,卵形,有油腺点；雄蕊鲜红色,花药暗紫色,椭圆形；花柱比雄蕊稍长,先端绿色,其余红色。蒴果半球形；种子条状。花期6—8月。

生态习性：速生树。浅根性树种。阳性树种,喜温暖、湿润气候,不耐寒,要求酸性土壤。

园林用途：红千层适合庭院美化,为高级庭院美化观花树、行道树、庭院树、风景树,还可作防风林、切花或大型盆栽,并可修剪整枝成为盆景。

相近种、变种及品种：柳叶红千层。

128 香桃木

Myrtus communis

1. 花枝；2. 果枝

科属：桃金娘科　香桃木属。

株高形态：灌木,或为高达5 m小乔木。丛生型。

识别特征：常绿灌木。枝四棱。叶芳香,革质,交互对生或3叶轮生,叶片披针形,顶端渐尖,基部楔形；叶柄极短。花芳香,被腺毛,通常单生于叶腋；花瓣5,白色或淡红色,倒卵形,顶端钝或圆,雄蕊多数,离生,与花瓣等长,花药黄色,短椭圆形。浆果圆形或椭圆形,大如豌豆,蓝黑色或白色,顶部有宿萼。

生态习性：速生树。浅根性树种。喜温暖、湿润气候,喜光,亦耐半阴,萌发力强,病虫害少,适应中性至偏碱性土壤。

园林用途：香桃木广泛用于城乡绿化,尤适于庭院栽植。可作为花境背景树,栽于林缘,或栽于向阳的围墙前形成绿色的屏障,用作居住小区或道路的高绿篱也会有新颖的效果。

相近种、变种及品种：花叶香桃木。

129 南酸枣（花心木、鼻子果、酸枣、五眼果、山桉果、山枣子、山枣）

Choerospondias axillaris

科属：漆树科　南酸枣属。

株高形态：大乔木，高8～20 m。树冠卵圆形。

识别特征：落叶乔木。干皮薄片状剥裂，小枝褐色，具皮孔。奇数羽状复叶互生，小叶3～6对，小叶膜质至纸质，长卵状披针形，基部歪斜，通常全缘，叶柄纤细，基部略膨大。花杂性异株，单性花为圆锥花序，两性花为总状序花。核果椭圆形或倒卵状椭圆形，成熟时黄色，果核顶端有5个大小相等的小孔。花期4月，果期8—10月。

生态习性：速生树种，浅根性，萌芽力强，树龄可达300年以上。喜光，耐干旱瘠薄，喜温暖湿润气候，不耐寒。适生于深厚肥沃而排水性良好的酸性或中性土壤，不耐涝。

园林用途：南酸枣冠大荫浓，宜作庭荫树及行道树，适宜在各类园林绿地中孤植或丛植，也为速生用材树种。

相近种、变种及品种：毛脉南酸枣、人面子、大果人面子。

人面子：1. 花枝；2. 花；3. 花（去花萼和花瓣）；
　　　4. 果
南酸枣：5. 花枝；6. 雄蕊；7. 雌蕊；8. 果；9. 果核

130 黄栌（红叶、路木炸、浓茂树）

Cotinus coggygria

科属：漆树科　黄栌属。

株高形态：灌木到小乔木，高3～5 m。树冠圆形。

识别特征：落叶植物。单叶互生，倒卵形或卵圆形，先端圆形或微凹，基部圆形或阔楔形，全缘。圆锥花序顶生；花杂性，小型；萼片、花瓣及雄蕊各5。果序有多数不孕花的紫绿色羽毛状细长花梗宿存。核果小，肾形，红色。花期5—6月，果期7—8月。

生态习性：生长快，浅根性。喜光，也耐半阴；耐寒，耐干旱瘠薄和碱性土壤，不耐水湿，宜植于土层深厚、肥沃而排水良好的砂质壤土中。对SO_2有较强抗性。

园林用途：黄栌不孕花的花梗呈粉红色羽毛状，在枝头形成似云雾的景观，被文人墨客比作"雾中之花"；深秋叶片经霜变，色彩鲜艳，美丽壮观；其果形别致，成熟果实色鲜红、艳丽夺目。北京香山红叶、济南红叶谷皆以黄栌为建群树种，是著名的观赏红叶树种。加之其极其耐瘠薄的特性，更使其成为石灰岩营建水土保持林和生态景观林的首选树种。

相近种、变种及品种：毛黄栌、矮黄栌、粉背黄栌。

1. 花枝；2. 雄花；3. 雌花；
4. 果；5. 果纵剖，示种子

131 黄连木(木黄连、黄儿茶、鸡冠果、黄连树、药树、凉茶树、黄连茶、楷木)
Pistacia chinensis

1. 果枝；2. 雄花；3. 雌花；4. 果

科属：漆树科　黄连木属。

株高形态：大乔木,高达20 m。树冠近圆球形。

识别特征：落叶乔木。树干扭曲,树皮暗褐色,薄片状剥落。奇数羽状复叶互生,小叶5～6对;对生或近对生,纸质,披针形,基部偏斜,全缘。花单性异株,先花后叶,圆锥花序腋生;花小。核果倒卵状球形,成熟时紫红色。花期3—4月,果9—11月成熟。

生态习性：慢生树,深根性,主根发达,抗风力强;萌芽力强。喜光,喜温暖,畏严寒;耐干旱瘠薄,对土壤要求不严,对SO_2、HCl和煤烟的抗性较强。

园林用途：黄连木树冠浑圆,枝叶繁茂而秀丽,早春嫩叶红色,入秋叶又变成深红或橙黄色,红色的雌花序也极美观。宜作庭荫树、行道树及山林风景树,也可作低山区造林树种。在园林中植于草坪、坡地、山谷或于山石、亭阁之旁配置无不相宜。若要构成大片秋色红叶林,可与槭类、枫香等混植效果更好。

相近种、变种及品种：清香木、阿月浑子。

132 三角枫(三角槭)
Acer buergerianum

1. 果枝

科属：无患子科　槭树属。

株高形态：大乔木,高5～10 m,稀达20 m。树冠伞形。

识别特征：落叶乔木。树皮暗褐色,薄片条状剥落。叶纸质,卵形或倒卵形,常3浅裂,裂片向前伸;先端短渐尖,基部圆形或广楔形,3主脉,裂片全缘,或上部疏生浅齿,背面有白粉。花杂性,黄绿色;花瓣5,黄绿色。果核部分两面凸起,两果翅张开成锐角或近于平行。花期4月,果9月成熟。

生态习性：深根性。喜温暖湿润气候,稍耐阴,较耐水湿;耐修剪,萌芽力强。

园林用途：三角枫枝叶茂密,夏季浓阴覆地,入秋叶色变为暗红,颇为美观,宜作庭荫树、行道树及护岸树栽植。在湖岸、溪边、谷地、草坪配置,或点缀于亭廊、山石间都很合适。其老桩常制成盆景,主干扭曲隆起,颇为奇特。江南一带有栽作绿篱者,年久后枝条彼此连接密合,也别有风味。

相近种、变种及品种：台湾三角槭、宁波三角槭。

133 樟叶槭（桂□叶槭）

Acer coriaceifolium

科属：无患子科　槭树属。

株高形态：大乔木,高 10 m,稀达 20 m。树冠伞形。

识别特征：常绿乔木。树皮淡黑褐色或淡黑灰色。小枝细瘦,当年生枝淡紫褐色,被浓密的绒毛;多年生枝淡红褐色或褐黑色,近于无毛,皮孔小,卵形或圆形。叶革质,长圆椭圆形或长圆披针形,基部圆形、钝形或阔楔形,先端钝形,全缘或近于全缘;上面绿色,无毛,下面淡绿色或淡黄绿色,被白粉和淡褐色绒毛;叶柄淡紫色,被绒毛。翅果淡黄褐色;小坚果凸起;翅和小坚果成锐角或近于直角;果梗细瘦,被绒毛。果期 7—9 月。

生态习性：喜充足日照、温暖湿润气候,耐半阴,不耐寒。

园林用途：樟叶槭树形优美,树荫浓密,是优良的庭园树和行道树种。

相近种、变种及品种：飞蛾槭、血皮槭、青榨槭。

1. 果枝

134 梣叶槭（糖槭、白蜡槭、美国槭、复叶槭）

Acer negundo

科属：无患子科　槭树属。

株高形态：大乔木,高达 20 m,树冠球形

识别特征：落叶乔木。树皮黄褐色或灰褐色。羽状复叶;小叶 3～5,卵形至披针状椭圆形,边缘有粗锯齿,顶端渐尖,基部短楔形。花黄绿色,开于叶前;有 2 种不同的花序:雄花成伞房状花序,有柔毛;雌花成总状花序,长总花梗。翅果扁平,无毛,两翅展开成锐角或近于直角。花期 4—5 月,果期 9 月。

生态习性：速生树。根萌芽性强,寿命较短,深根性。喜光,喜冷凉气候,耐干冷,耐轻盐碱,耐烟尘;喜深厚、肥沃、湿润土壤,稍耐水湿。

园林用途：梣叶槭枝叶茂密、树冠广阔,夏季遮荫条件良好,入秋叶色金黄,另有有金叶、金边、宽银边、金斑、矮生等品种,颇为美观,宜作庭荫树、行道树及防护林树种。

相近种、变种及品种：建始槭。

建始槭:1. 果枝;
梣叶槭:2. 果枝

135 鸡爪槭

Acer palmatum

1. 果枝

科属：无患子科　槭树属。

株高形态：小乔木，树冠伞形。

识别特征：落叶乔木。树皮平滑，灰褐色。枝开张，小枝淡紫绿色，光滑，老枝浅灰绿色。叶掌状5～9深裂，基部心形，先端尖锐，缘有重锯齿，背面脉腋有白簇毛。花杂性，紫色；伞房花序顶生。翅果两翅展开成钝角。花期5月，果10月成熟。

生态习性：中生树。喜弱光，耐半阴，在阳光直射处孤植夏季易遭受日灼之害；喜温暖湿润气候及肥沃、湿润而排水性良好之土壤，有一定耐寒性；酸性、中性及石灰质土均能适应。

园林用途：鸡爪槭树姿婆娑，叶形秀丽，且有多种品种，为珍贵的观叶树种。植于草坪、山丘、溪边、池畔，或于墙隅、亭廊、山石间点缀，均十分得体，若以常绿树或白粉墙作背景衬托，尤感美丽多姿。也可制成盆景。

相近种、变种及品种：小叶鸡爪槭、紫红鸡爪槭、金叶鸡爪槭、花叶鸡爪槭、白斑叶鸡爪槭、红边鸡爪槭、羽毛枫。

136 七叶树

Aesculus chinensis

1. 花枝；2. 两性花；3. 雄花；
4. 果；5. 果纵剖，示种子

科属：无患子科　七叶树属。

株高形态：大乔木，高达25 m。树冠球形。

识别特征：落叶乔木。树皮灰褐色，片状剥落。小叶5～7，叶柄被灰色微柔毛，倒卵状长椭圆形，先端渐尖，基部楔形，缘具细锯齿。顶生密集圆锥花序，近无毛。花小，花瓣4，白色。蒴果球形或倒卵形，黄褐色，内含1或2粒种子，形如板栗。花期4—5月，果期10月。

生态习性：中生偏慢树种。深根性。喜光，稍耐阴；喜温暖气候，也能耐寒；喜深厚、肥沃、湿润而排水良好的土壤。寿命长。树干易受日灼伤害。

园林用途：七叶树树干耸直，树冠开阔，姿态雄伟，叶大而形美，遮阴效果好，初夏百花开放，是世界著名的观赏树种之一，作庭荫树及行道树用，该属植物有世界四大行道树种之称。在建筑前对植、路边列植，或孤植、丛植于草坪、山坡都很合适。

相近种、变种及品种：日本七叶树、欧洲七叶树。

全缘叶栾树（黄山栾树、山膀胱、图扎拉、灯笼树）

Koelreuteria bipinnata var. integrifoliola

科属：无患子科　栾树属。

株高形态：大乔木,高可达20余米。树冠近似圆球形。

识别特征：落叶乔木。小枝暗棕色,密生皮孔。叶平展,二回羽状复叶,小叶7～9枚,互生,厚纸质,长椭圆形状卵形,顶端渐尖,全缘,下面淡绿,主脉和网脉都明显。圆锥花梗有柔毛;花黄色,子房和花丝下部有灰色绒毛。蒴果圆锥形,嫩时紫色,顶端钝而有微尖,基部圆形。种子近球形。花期7～9月,果期8—10月。

生态习性：速生树。深根性。喜光,幼年期耐阴;喜温暖湿润气候,有一定耐寒性;对土壤要求不严,微酸性、中性土上均能生长。不耐修剪。

园林用途：黄山栾树枝叶茂密,冠大荫浓,初秋开花,金黄夺目,不久就有淡红色灯笼似的果实挂满枝头,十分美丽。宜作庭荫树、行道树及园景树,也可用于居民区、工厂区绿化。

相近种、变种及品种：栾树、复羽叶栾树、小叶栾树。

1. 花枝

无患子（木患子、油患子、苦患树、黄目树、油罗树、洗手果）

Sapindus saponaria

科属：无患子科　无患子属。

株高形态：大乔木,高可达20 m。树冠广展。

识别特征：落叶乔木。树皮灰褐色或黑褐色;嫩枝绿色。小叶5～8对,通常近对生,叶片薄纸质,长椭圆状披针形或稍呈镰形,顶端短尖或短渐尖,基部楔形,稍不对称。花序顶生,圆锥形;花小,辐射对称;花瓣5;雄蕊8。核果球形,熟时黄色或棕黄色。种子球形,黑色。花期6—7月,果期9—10月。

生态习性：生长较快,深根性树种。喜光,稍耐阴,耐寒能力较强。对土壤要求不严,抗风力强。不耐水湿,能耐干旱。萌芽力弱,不耐修剪。寿命长。

园林用途：无患子树干通直,枝叶广展,绿荫稠密。秋季满树叶色金黄,故又名黄金树。果实累累,橙黄美观,是绿化的优良观叶、观果树种。

相近种、变种及品种：川滇无患子、绒毛无患子。

1. 果枝；2,3. 雄花(有退化雄蕊)；4. 花瓣；
5. 雄蕊；6,7. 雄花及其纵剖面(有退化雄蕊)；
8. 萼片；9. 子房横切面；10. 果；11. 种子

139 柚（香抛、文旦）
Citrus maxima

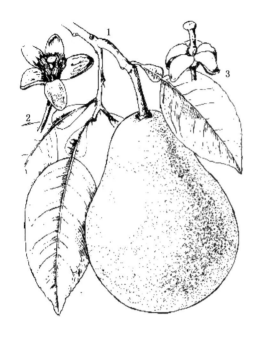

1. 果枝；2. 花；3. 花去雄蕊

科属：芸香科 柑橘属。

株高形态：大乔木，高可达20余米。树冠卵形。

识别特征：常绿乔木。嫩枝、叶背、花梗、花萼及子房均被柔毛。叶质颇厚，色浓绿，阔卵形或椭圆形，基部圆。总状花序，有时腋生单花；花蕾淡紫红色。果扁圆形或阔圆锥状，淡黄或黄绿色，杂交种有朱红色的，果皮甚厚或薄，海绵质，油胞大，凸起，果心实但松软，瓤囊10～15或多至19瓣，汁胞白色、粉红或鲜红色，少有带乳黄色；种子多。花期4—5月，果期9—12月。

生态习性：喜温暖、湿润及深厚、肥沃而排水良好的中性或微酸性砂质土壤或黏质土壤，但在过分酸性及黏土地区生长不良。

园林用途：柚叶大而肥厚，果实形、色、味俱佳，为亚热带重要具有观赏、食用价值的树种，可用于庭院，公共绿地等处孤植或群植。

相近种、变种及品种：橘红、沙田柚、坪山柚、金香柚、金兰柚、四季抛、晚白柚、香圆、香橼。

140 柑橘
Citrus reticulata

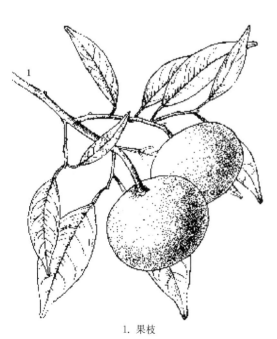

1. 果枝

科属：芸香科 柑橘属。

株高形态：小乔木，树冠广卵形，青壮年期树冠圆锥形。

识别特征：常绿乔木。分枝多。单身复叶，翼叶常狭窄，或仅有痕迹，叶片披针形，椭圆形或阔卵形，顶端常有凹口，花单生或2～3朵簇生。果形常扁圆形，果皮甚薄而光滑，橘络呈网状，中心柱大而常空，稀充实，瓤囊7～14瓣；种子卵形，花期4—5月，果期10—12月。

生态习性：喜温暖湿润气候，不耐寒。喜质地疏松、排水良好的轻质土壤。

园林用途：四季常绿，树姿优美，是一种很好的庭园观赏植物。集赏花、观果、闻香于一体的柑橘，对提高园林品质、改善生态环境均有积极意义。

相近种、变种及品种：年橘、茶枝柑、四会柑、扁柑、早橘、南丰蜜橘。

141 枸橘（枳、臭橘、臭杞、雀不站、铁篱寨）
Citrus trifoliata

科属：芸香科　柑橘属。

株高形态：小乔木,高 1～5 m,树冠伞形或圆头形。

识别特征：常绿乔木。枝条稀疏交错,有刺。枝绿色,嫩枝红褐色,基部扁平。叶柄有狭长的翼叶,通常指状 3 出叶。花单朵或成对腋生;花瓣白色,匙形。果近圆球形或梨形,果皮暗黄色,粗糙,有种子 20～50 粒;种子阔卵形,乳白或乳黄色。花期 5—6 月,果期 10—11 月。

生态习性：为温带树种,喜光,稍耐阴,喜温暖湿润气候,耐寒力较酸橙强;耐热;对 SO_2、Cl_2 抗性强,对 HF 抗性差。萌发力强,耐修剪。

园林用途：枸橘枝条绿色而多刺,花于春季先叶开放,秋季黄果累累,可观花、观果、观叶。在园林中多栽作绿篱或者作屏障树,耐修剪,可整形为各式篱垣及洞门形状,既有分隔园地的功能又有观花赏果的效果,是良好的观赏树木之一。

相近种、变种及品种：富民枳、枳橙。

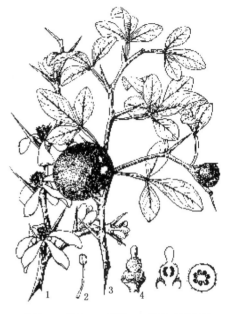

1. 花枝; 2. 雄蕊; 3. 果枝; 4. 雌蕊及横纵剖面

142 臭椿
Ailanthus altissima

科属：苦木科　臭椿属。

株高形态：大乔木,高可达 20 余米。树冠圆整如半球状。

识别特征：落叶乔木。树皮平滑而有直纹。叶为奇数羽状复叶;小叶对生或近对生,纸质,卵状披针形,基部偏斜,截形或稍圆,两侧各具 1 或 2 个粗锯齿,齿背有腺体 1 个,叶绿色,揉碎后具臭味。圆锥花序,花淡绿色。翅果长椭圆形;种子扁圆形。花期 4—5 月,果期 8—10 月。

生态习性：速生树。深根性。喜光,喜生于向阳山坡或灌丛中,不耐阴。喜深厚、肥沃、湿润的砂质土壤。耐寒,耐旱。

园林用途：臭椿树干通直高大,春季嫩叶紫红色,秋季红果满树,是良好的观赏树和行道树。可孤植、丛植或与其他树种混栽,适宜于工厂、矿区等绿化。也是水土保持和盐碱地的土壤改良树种。在国外有"天堂树"之称。

相近种、变种及品种：台湾臭椿、大果臭椿。

1. 叶; 2. 枝; 3. 花枝;
4. 雄花; 5. 雌花; 6. 翅果

143 棟（苦楝、楝树、紫花树、森树）

Melia azedarach

1. 花枝；2. 花苞；3. 花；
4. 雄蕊管剖面,示花药；5. 果

科属：楝科　楝属。

株高形态：乔木,高达 10 余米。树冠倒伞形。

识别特征：落叶乔木。树皮灰褐色,纵裂。叶为奇数羽状复叶；小叶对生,卵形、椭圆形至披针形,顶生一片通常略大,先端短渐尖,基部楔形或宽楔形,边缘有钝锯齿。圆锥花序约与叶等长；花芳香；花萼 5 深裂；花瓣淡紫色,倒卵状匙形。核果球形至椭圆形；种子椭圆形。花期 4—5 月,果期 10—12 月。

生态习性：喜温暖、湿润气候,喜光,不耐荫蔽,较耐寒。耐干旱、瘠薄,也能生长于水边,但以在深厚、肥沃、湿润的土壤中生长较好。耐烟尘,抗 SO_2 能力强,并能杀菌。

园林用途：楝树适宜作庭荫树和行道树,是良好的城市及矿区绿化树种。与其他树种混栽,能起到对树木虫害的防治作用。在草坪中孤植、丛植或配置于建筑物旁都很合适,也可种植于水边、山坡、墙角等处。

相近种、变种及品种：岭南楝树、紫花树。

144 香椿（椿、春阳树、香桩头、大红椿树、春甜树、椿芽）

Toona sinensis

1. 叶；2. 花；3. 花去花冠,示雄蕊和雌蕊；4. 果序；5. 种子

科属：楝科　香椿属。

株高形态：中乔木,高可达 15 m。树冠开阔。

识别特征：落叶乔木。树皮粗糙,深褐色,片状脱落。叶具长柄,偶数羽状复叶；小叶 16～20,对生或互生,纸质,卵状披针形或卵状长椭圆形,先端尾尖,基部不对称,边全缘或有疏离的小锯齿,背面常呈粉绿色。圆锥花序,多花；具短花梗；花瓣 5,白色,长圆形。蒴果狭椭圆形,深褐色,有小而苍白色的皮孔。种子基部通常钝,上端有膜质的长翅,下端无翅。花期 6—8 月,果期 10—12 月。

生态习性：喜光,较耐湿,适宜生长于河边、宅院周围肥沃湿润的土壤中,一般以砂壤土为好。

园林用途：香椿为华北、华中、华东等地低山丘陵或平原地区的重要用材树种,又为观赏、食用及行道树种。园林中配置于疏林,宜作上层骨干树种,其下栽以耐阴花木。

相近种、变种及品种：陕西香椿、毛椿、湖北香椿。

145 梧桐（青桐、桐麻、椋梧、麦梧）

Firmiana simplex

科属：锦葵科　梧桐属。

株高形态：大乔木,高达 16 m。树冠呈卵圆形。

识别特征：落叶乔木。树皮青绿色,平滑。叶心形,掌状 3～5 裂,裂片三角形,顶端渐尖,基部心形,两面均无毛或略被短柔毛,基生脉 7 条。雌雄同株。圆锥花序顶生,花淡黄绿色。蓇葖果膜质,有柄;种子圆球形,表面有皱纹。花期 6 月。

生态习性：深根性。生长快。喜光,喜温暖湿润气候,耐寒性不强,喜肥沃、湿润、深厚而排水良好的土壤,不宜在积水洼地或盐碱地栽种,不耐草荒。萌芽力弱,一般不宜修剪。对多种有毒气体都有较强抗性

园林用途：梧桐树干通直,树皮平滑翠绿,树叶浓密,夏季开花,花淡黄绿色,圆锥花序顶生,盛开时显得鲜艳而明亮,是一种优美的观赏植物。在中国传统文化中,梧桐象征高洁美好品格之意,因此在园林绿化中,多用作行道树及庭园绿化观赏树。

相近种、变种及品种：海南梧桐、云南梧桐。

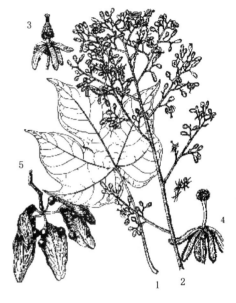

1. 叶；2. 花枝；3. 雌花；
4. 雄花；5. 果枝

146 海滨木槿（海槿、海塘苗木、日本黄槿）

Hibiscus hamabo

科属：锦葵科　木槿属。

株高形态：灌木或小乔木,株高 3～5 m,胸径 20 cm。树冠扁球形。

识别特征：落叶植物。厚纸质单叶互生,扁圆形,基部圆形或浅心形,叶缘中上部具细圆齿,叶面绿色光滑、具星状毛,叶背灰白色或灰绿色,密被毡状绒毛,掌状脉 5～7。花两性,单生于近枝端叶腋,金黄色花冠呈钟状,花瓣倒卵形、外卷,内侧基部暗紫色。三角状卵形蒴果。褐色种子呈肾形。

生态习性：慢生树。强阳性树种。极耐盐碱,耐海水淹浸,主干被海潮间歇性淹泡 1 m 左右,仍正常生长和开花结实;能耐极度干旱瘠薄。树龄可达百年以上,根系极发达。

园林用途：海滨木槿枝叶浓密,花形大、色金黄,花期长,在花卉淡季的夏天,尤能显示其独特的观赏价值。是优良的庭园绿化苗木,也是良好的防风固沙、固堤防潮苗木,既可孤植又可丛植、片植。

相近种、变种及品种：木槿、大花木槿、粉紫重瓣木槿。

1. 叶序；2. 花；3. 蒴果；4. 种子

147 木芙蓉（芙蓉花、酒醉芙蓉）
Hibiscus mutabilis

1. 花枝；2. 果；3. 种子

科属：锦葵科　木槿属。

株高形态：灌木或小乔木，高 2～5 m。

识别特征：灌叶植物。小枝、叶柄、花梗和花萼均密被星状毛与直毛相混的细绵毛。叶宽卵形至圆卵形或心形，常 5～7 裂，裂片三角形，先端渐尖，具钝圆锯齿。花单生于枝端叶腋间；花初开时白色或淡红色，后变深红色，花瓣近圆形。蒴果扁球形，被淡黄色刚毛和绵毛，果爿 5；种子肾形，背面被长柔毛。花期 8—10 月。

生态习性：喜温暖、湿润环境，不耐寒，忌干旱，耐水湿。对土壤要求不高，瘠薄土地亦可生长。

园林用途：木芙蓉枝、干、芽、叶在一年四季，各有风姿和妙趣；花大色丽，为我国久经栽培的园林观赏植物。可孤植、丛植于庭院、坡地、路边、林缘及建筑厅前等处，或栽作花篱，都很合适。特别宜于配置水滨，开花时波光花影，相映益妍，分外妖娆。

相近种、变种及品种：重瓣木芙蓉。

148 木槿（木棉、荆条、朝开暮落花、喇叭花）
Hibiscus syriacus

1. 花枝；2. 花纵剖；3. 星状毛

科属：锦葵科　木槿属。

株高形态：灌木或小乔木，高 3～4 m。

识别特征：落叶植物。小枝密被黄色星状绒毛。叶菱形至三角状卵形，具深浅不同的 3 裂或不裂，先端钝，基部楔形，边缘具不整齐齿缺。花单生于枝端叶腋间；花钟形，淡紫色，花瓣倒卵形。蒴果卵圆形，密被黄色星状绒毛；种子肾形。花期 7—10 月。

生态习性：尤喜光和温暖潮润的气候。耐热又耐寒。较耐干燥和贫瘠，对土壤要求不严格，在重黏土中也能生长。萌蘖性强。耐修剪。

园林用途：夏、秋季的重要观花灌木，多作花篱、绿篱；北方作庭园点缀及室内盆栽。对 SO_2 与氯化物等有害气体具有很强的抗性，同时还具很强的滞尘功能，是工矿厂区主要绿化树种。

相近种、变种及品种：粉紫重瓣木槿、大花木槿、牡丹木槿。

149 结香（黄瑞香、结打花、梦花、山棉皮、蒙花、三極皮、金腰带）

Edgeworthia chrysantha

科属：瑞香科　结香属。

株高形态：落叶半常绿灌木，高约 0.7～1.5 m。

识别特征：小枝粗壮，褐色，常作三叉分枝，韧皮极坚韧，叶痕大。叶长圆形，披针形至倒披针形，两面均被银灰色绢状毛。头状花序顶生或侧生，具花 30～50 朵成绒球状；花芳香，无梗，花萼外面密被白色丝状毛，黄色，顶端 4 裂，裂片卵形。果椭圆形，绿色，顶端被毛。花期冬末春初，果期春夏间。

生态习性：喜半湿润，喜半阴。喜肥沃、湿润、深厚而排水良好的土壤。

园林用途：结香树冠球形，枝叶美丽，姿态优雅；在中国民俗文化中，结香被称作中国的爱情树，象征着喜结连理枝。这种优美且具有一定文化内涵的观赏树种，在园林应用时，可将其植于庭院、路旁、水边、石间、墙隅等处在或盆栽观赏。

相近种、变种及品种：白结香、西畴结香、滇结香。

1. 花蕾枝；2. 花枝；3. 花展开及雄蕊；
4. 雄蕊；5. 雌蕊

150 柽柳（三春柳、西湖杨、观音柳、红筋条、红荆条）

Tamarix chinensis

科属：柽柳科　柽柳属。

株高形态：小乔木或灌木，高 3～6 m。

识别特征：落叶小乔木。树皮红褐色，树枝细长而下垂。叶小，鳞片状，互生。总状花序复成圆锥形。花小，5 基数，粉红色，花盘 5 裂或 10 裂；苞片线状锥形；每年开花两三次。春季开花，总状花序侧生在去年生木质化的小枝上，夏秋生于当年枝上。花期 4—9 月。

生态习性：温带及亚热带树种，喜光、耐寒、耐旱，亦耐水湿，极耐盐碱地和沙荒地，根系发达，萌生力强，耐修剪。

园林用途：柽柳枝叶纤细悬垂，婀娜可爱，一年开花三次，鲜绿粉红花相映成趣，花期长，多栽于庭院、公园等处作观赏用。适植于温带海滨河畔等处湿润盐碱地，及沙荒地造林之用。

相近种、变种及品种：白花柽柳、无叶柽柳、密花柽柳、甘蒙柽柳、长穗柽柳。

春季花 1—7；1. 花枝；2. 萼片；3. 花瓣；
4. 苞片；5. 花；6. 雄蕊和雌蕊；7. 花枝之叶
夏季花 8—10；8. 花枝；9. 花盘；10. 花药

151 喜树（旱莲木、千丈树）

Camptotheca acuminata

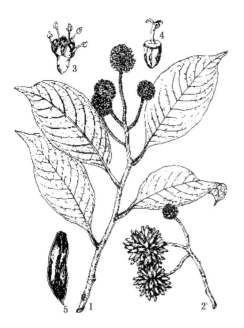

1. 花枝；2. 果枝与果序；3. 花；
4. 雌蕊；5. 果

科属：山茱萸科　喜树属。

株高形态：大乔木，高达 20 余米。树冠呈倒卵形。

识别特征：落叶乔木。树皮灰色或浅灰色，纵裂成浅沟状。小枝圆柱形，平展。叶互生，纸质，矩圆状卵形或矩圆状椭圆形，全缘，绿色。头状花序近球形，常由 2～9 个头状花序组成圆锥花序，顶生或腋生，通常上部为雌花序，下部为雄花序，总花梗圆柱形；花瓣 5 枚，淡绿色。翅果矩圆形，顶端具宿存的花盘，两侧具窄翅，黄褐色，着生成近球形的头状果序。花期 5—7 月，果期 9 月。

生态习性：速生树种。深根性，萌芽率强。喜光，不耐严寒干燥。喜土层深厚，湿润而肥沃的土壤，较耐水湿，在酸性、中性、微碱性土壤均能生长，在石灰岩风化土及冲积土生长良好。

园林用途：喜树树干挺直，生长迅速，是优良的行道树和庭荫树。

相近种、变种及品种：薄叶喜树。

152 红瑞木（凉子木、红瑞山茱萸）

Cornus alba

1. 果枝；2. 花；3. 果

科属：山茱萸科　山茱萸属。

株高形态：灌木，高达 3 m。灌丛状。

识别特征：落叶灌木。树皮紫红色。叶对生，纸质，椭圆形，先端突尖，基部楔形或阔楔形，边缘全缘或波状反卷，上面暗绿色，下面粉绿色。伞房状聚伞花序顶生，较密，被白色短柔毛；花小，白色或淡黄白色；花瓣 4，卵状椭圆形。核果长圆形，微扁，成熟时乳白色或蓝白色；核棱形。花期 6—7 月，果期 8—10 月。

生态习性：强喜光，喜欢温暖潮湿的生长环境。具有抗旱、抗寒的能力，适应能力好。

园林用途：红瑞木秋叶鲜红，小果洁白，枝干全年红色，是园林造景的异色树种，是少有的观茎植物，也是良好的切枝材料。园林中多丛植于草坪上或与常绿乔木相间种植，或者冬季雪景与棣棠配置一起，得红绿相映之效果。

相近种、变种及品种："主教"红瑞木、"火焰"红瑞木。

153 灯台树（六角树、瑞木）

Cornus controversa

科属：山茱萸科　山茱萸属。

株高形态：中乔木,高 6～15 m,稀达 20 m。树冠圆锥状。

识别特征：落叶乔木。树皮光滑,暗灰色或带黄灰色;枝开展,圆柱形。叶互生,纸质,阔卵形、阔椭圆状卵形或披针状椭圆形,全缘,绿色。伞房状聚伞花序,顶生;花小,白色;花瓣4,长圆披针形。核果球形,成熟时紫红色至蓝黑色;核骨质,球形。花期5—6月,果期7—8月。

生态习性：速生树。喜温暖气候及半阴环境,适应性强、耐寒、耐热。宜在肥沃、湿润及疏松、排水良好的土壤上生长。

园林用途：灯台树树姿优美奇特、叶形秀丽、白花素雅,是优良的彩叶树种。宜在草地孤植、丛植,或于夏季湿润山谷或山坡、湖(池)畔与其他树木混植营造风景林,亦可在园林中栽作庭荫树或在公路、街道两旁栽作行道树,更适于森林公园和自然风景区作秋色叶树种。

相近种、变种及品种：花叶灯台树。

1.果枝；2.花；3.果

154 光皮梾木（光皮树）

Cornus wilsoniana

科属：山茱萸科　山茱萸属。

株高形态：乔木,高 5～18 m,稀达 40 m。树冠伞形。

识别特征：落叶乔木。树皮灰色至青灰色,块状剥落。小枝圆柱形,深绿色,老时棕褐色。叶对生,纸质,椭圆形或卵状椭圆形,绿色。顶生圆锥状聚伞花序,被灰白色疏柔毛;花小,白色;花瓣4,长披针形。核果球形,成熟时紫黑色至黑色;核骨质,球形。花期5月,果期10—11月。

生态习性：深根性树种,较喜光。耐寒,亦耐热。喜生于石灰岩的林间。在排水良好、湿润肥沃的壤土中生长旺盛。萌芽力强。寿命较长。

园林用途：光皮梾木树干直挺秀,树皮斑驳,叶茂荫浓,初夏开满树银花,是优美的园林绿化行道树和庭荫树。耐轻度盐碱、耐干旱瘠薄、萌芽力超强,是石灰岩土壤造林的首选造林树种之一。

相近种、变种及品种：梾木、毛梾、沙梾、山茱萸。

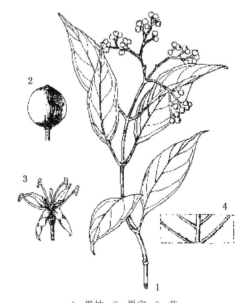

1.果枝；2.果实；3.花；
4.叶片下面细部

155 溲疏

Deutzia scabra

1. 花枝；2. 果；3. 雄蕊

科属：绣球花科　溲疏属。

株高形态：大灌木,高 2～3 m。

识别特征：半落叶灌木,稀半常绿。树皮薄片状剥落。小枝中空或具疏松髓心,通常被星状毛。叶对生,具叶柄,边缘具锯齿。花两性,组成圆锥花序、伞房花序、聚伞花序或总状花序,稀单花,顶生或腋生;萼筒钟状;花瓣 5,白色,粉红色或紫色。蒴果 3～5 室,室背开裂;种子多颗,微扁。花期 5—6 月,果期 10—11 月。

生态习性：喜光、稍耐阴。喜温暖、湿润气候,但耐寒、耐旱。对土壤的要求不严,但以腐殖质 pH6—8 且排水良好的土壤为宜。性强健,萌芽力强,耐修剪。

园林用途：溲疏初夏白花满树,洁净素雅,其重瓣变种更加美丽。宜丛植于草坪、路边、山坡及林缘,也可作花篱及岩石园种植材料。若与花期相近的山梅花、太平花配置,则次第开花,可延长观花期。还可用作鲜切花。

相近种、变种及品种：白溲疏、小聚花溲疏、异色溲疏、大花溲疏、光叶溲疏、美丽溲疏、冰生溲疏、重瓣溲疏。

156 绣球（八仙花、紫绣球、粉团花、八仙绣球）

Hydrangea macrophylla

1. 花枝；2. 果

科属：绣球花科　绣球属。

株高形态：灌木,高 1～4 m。

识别特征：落叶灌木。茎常于基部发出多束放射枝而形成一圆形灌丛;枝圆柱形,粗壮,紫灰色至淡灰色,具少数长形皮孔。叶纸质或近革质,倒卵形或阔椭圆形,先端骤尖,具短尖头,边缘于基部以上具粗齿。伞房状聚伞花序近球形,多数不育;不育花萼片 4,阔卵形,粉红色、淡蓝色或白色;萼筒倒圆锥状;花瓣长圆形。蒴果未成熟,长陀螺状。花期 6～8 月。

生态习性：短日照植物。喜温暖、湿润和半阴环境。以疏松、肥沃和排水良好的砂质壤土为好。

园林用途：绣球花大色美,是长江流域著名观赏植物。园林中可配置于稀疏的树荫下,片植于荫向山坡。因对阳光要求不高,故最适宜栽植于阳光较差的小面积庭院中。

相近种、变种及品种：山绣球、珠光绣球、中国绣球。

157 山梅花（白毛山梅花）

Philadelphus incanus

科属：绣球花科　山梅花属。

株高形态：灌木，高 1.5～3.5 m。

识别特征：落叶灌木。二年生小枝灰褐色，表皮呈片状脱落。叶卵形或阔卵形，先端急尖，基部圆形，花枝上叶较小，边缘具疏锯齿，上面被刚毛，下面密被白色长粗毛。总状花序有花 5～7 朵，下部的分枝有时具叶；萼筒钟形；花瓣白色，卵形或近圆形。蒴果倒卵形；种子具短尾。花期 5～6 月，果期 7～8 月。

生态习性：速生树。喜光，喜温暖也耐寒耐热。怕水涝。对土壤要求不严，适生于中原地区以南。

园林用途：山梅花花多朵，花色美丽、花味芳香，花期较长，为优良的庭园观赏植物。宜丛植、片植于庭园草坪、山坡、林缘地带，若与建筑、山石等配置效果也合适。

相近种、变种及品种：短轴山梅花、米柴山梅花、太平花。

1. 花枝；2. 叶下面放大；3. 果

---

158 滨柃（凹叶柃木、海瓜子）

Eurya emarginata

科属：五列木科　柃木属。

株高形态：灌木，高 1～2 m。

识别特征：常绿灌木。小枝灰褐色或红褐色。叶厚革质，倒卵形或倒卵状披针形，顶端圆而有微凹，基部楔形，边缘有细微锯齿，齿端具黑色小点，稍反卷，有光泽。花 1～2 朵生于叶腋。花瓣 5，白色，长圆形或长圆状倒卵形。果实圆球形，成熟时黑色。花期 10—11 月，果期次年 6—8 月。

生态习性：性喜温暖湿润的环境，喜阳也耐半阴。极耐盐碱，耐瘠薄、耐干旱，适于排水、通风良好、土壤肥沃的区域。

园林用途：滨柃枝叶茂密紧凑，树姿优美，可用于沿海风景林的营建；在园林绿地中可作为阳性灌木与海滨木槿等植物组合构景，也可三五成丛或群植；枝叶密生又耐修剪，宜作为绿篱应用；可与其他灌木类植物作为花坛、花台的模纹种植之用。树姿奇特的植株还可进一步造型，制作树桩盆景。

相近种、变种及品种：火棘叶柃、光柃。

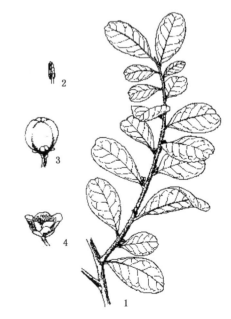

1. 花枝；2. 雄蕊；3. 果实；4. 花

159 厚皮香（珠木树、猪血柴、水红树、野瑞香）
Ternstroemia gymnanthera

1. 花枝；2. 花、果枝；3. 花；4. 花瓣连生雄蕊；
   5. 花萼及雄蕊；6. 种子

科属：五列木科　厚皮香属。

株高形态：灌木或小乔木，高可达 15 m，胸径 30～40 cm。树冠卵形。

识别特征：常绿植物。全株无毛；树皮灰褐色，平滑。叶革质或薄革质，通常聚生于枝端，呈假轮生状，椭圆形、椭圆状倒卵形至长圆状倒卵形，尖头钝，基部楔形，边全缘。花两性或单性；花瓣 5，淡黄白色，倒卵形。果实圆球形；种子肾形，每室 1 个，成熟时肉质假种皮红色。花期 5—7 月，果期 8—10 月。

生态习性：喜温暖、湿润气候，耐荫蔽。根系发达，不择土壤。抗风力强，耐—10℃低温。抗空气污染，并能吸收有毒气体。

园林用途：厚皮香树冠浑圆，枝序规则，枝叶繁茂，叶厚光亮。叶色美丽。适宜配置门厅两侧，道路角隅，草坪边缘。在林缘，树丛下成片种植，尤其能达到丰富色彩，增加层次的效果。对 SO_2、Cl_2、HF 等抗性强，并能吸收有毒气体，适应于厂矿绿化和营造环境林。

相近种、变种及品种：大果厚皮香、日本厚皮香。

160 瓶兰花（玉瓶兰）
Diospyros armata

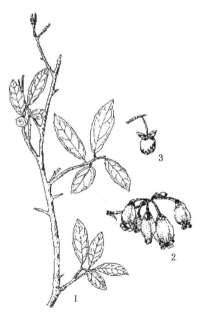

1. 营养枝；2. 花枝；3. 果

科属：柿科　柿属。

株高形态：小乔木，高达 5～13 m，树冠近球形。

识别特征：半常绿或落叶乔木，枝多而开展，枝端有时成棘刺。叶薄革质或革质，椭圆形或倒卵形至长圆形，先端钝或圆，基部楔形。雄花集成小伞房花序；花乳白色，花冠甕形，芳香，有绒毛。果近球形黄色，有伏粗毛；宿存萼裂片 4，裂片卵形。花期 5 月，果期 10 月。

生态习性：喜光，较耐阴，喜温暖湿润气候，不耐干旱。对土壤要求不严，以排水良好，富含有机质的壤土或粘性土最适宜，不喜砂质土。根系发达，萌发力强。

园林用途：瓶兰花枝干古朴苍劲，气势雄壮，叶色绿浓郁，花形似瓶，果实美观，香味如兰，是一种优质的园林树种，适用于庭院及公共绿地，也是制作树桩盆景的材料。

相近种、变种及品种：乌柿。

161 柿

Diospyros kaki

科属：柿科　柿属。

株高形态：大乔木,高 10～14 m 以上,胸高直径达 65 cm。树冠球形或长圆球形。

识别特征：落叶乔木。树皮深灰色至灰黑色,沟纹较密,裂成长方块状。枝开展,散生纵裂的长圆形或皮孔。叶纸质、卵状,端渐尖或钝,基部楔形,新叶疏生柔毛,花雌雄异株,花序腋生,聚伞花序。果形为球形,呈橙红色或大红色,有种子数颗;种子褐色,椭圆状。花期 5—6 月,果期 9—10 月。

生态习性：深根性树种。阳性树种,喜温暖气候,充足阳光和深厚、肥沃、湿润、排水良好的土壤,较能耐寒,耐瘠薄,抗旱性强,不耐盐碱土。寿命长,可达 300 年以上。

园林用途：柿树叶大荫浓,秋末冬初,霜叶染成红色,冬月,落叶后,柿实殷红不落,一树满挂累累红果,增添优美景色,是优良的风景树。在乡村景观规划中,可大力推广这一乡土树种,既可美化环境,又可获得经济效益。

相近种、变种及品种：大花柿、野柿。

1. 果枝; 2. 花

162 油柿(方柿、漆柿、绿柿、油绿柿、椑柿、青椑、乌椑)

Diospyros oleifera

科属：柿科　柿属。

株高形态：小乔木,高达 14 m,胸径达 40 cm,树干通直,树冠阔卵形或半球形。

识别特征：落叶乔木。树皮深灰色或灰褐色,成薄片状剥落,露出白色的内皮。叶纸质,长圆形,边缘稍背卷。花雌雄异株或杂性,果卵形、球形或扁球形,略呈 4 棱,嫩时绿色,成熟时暗黄。由于其幼果密生毛近熟时毛变少并有黏液渗出故称油柿。花期 4—5 月,果期 8—10 月。

生态习性：喜温暖湿润气候和深厚、肥沃、湿润、排水良好的中性土壤。较耐水湿。抗逆性强,具有很强的适应性。

园林用途：油柿树形优美,枝繁叶大,广展如伞,夏日一片浓绿,秋叶变红,丹实似火,是观叶、观果具佳的绿化树种。可作为庭荫树及行道树。

相近种、变种及品种：柿。

1. 果枝; 2. 花枝

163 紫金牛（小青、矮茶、不出林、凉伞盖珍珠、矮脚樟茶、老勿大、矮爪）

Ardisia japonica

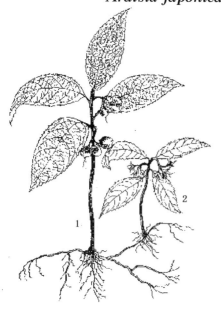

1. 果枝；2. 花枝

科属：报春花科　紫金牛属。

株高形态：常绿小灌木或亚灌木，长达 30 cm，稀达 40 cm。

识别特征：近蔓生，具匍匐生根的根茎；直立茎不分枝。叶对生或近轮生，叶片坚纸质或近革质，椭圆形，顶端急尖，基部楔形，边缘具细锯齿。亚伞形花序，腋生或生于近茎顶端的叶腋；花瓣粉红色或白色。果球形，鲜红色转黑色。花期 5—6 月，果期 11—12 月。

生态习性：喜温暖、湿润环境，喜阴，忌阳光直射。适宜生长于富含腐殖质、排水良好的土壤。

园林用途：紫金牛枝叶常绿，入秋后果色鲜艳，经久不凋，能在郁密的林下生长，既可观叶又可观果，是一优良的地被植物，适宜在阴湿环境种植，也可种植在高层建筑群的绿化带下层以及立交桥下。

相近种、变种及品种：束花紫金牛、粗茎紫金牛、月月红。

164 山茶（茶花）

Camellia japonica

1. 花枝；2. 开裂的蒴果

科属：山茶科　山茶属。

株高形态：灌木或小乔木，高 9 m。树冠球形或扁圆形。

识别特征：常绿植物。嫩枝无毛。叶革质，椭圆形，先端略尖，或急短尖而有钝尖头，基部阔楔形，上面深绿色，下面浅绿色，边缘有细锯齿。花顶生，红色，无柄；花瓣 6～7 片，倒卵圆形。蒴果圆球形，3 片裂开，厚木质。花期 1—4 月。

生态习性：耐阴，喜温暖湿润气候，严寒、炎热、干燥气候都不适宜生长。宜于在土层深厚、疏松，排水性好，微酸性的壤土或腐叶土生长，不耐碱性土壤。

园林用途：山茶树姿优美，四季常绿，花大色艳且花期长，是中国的传统园林花木。江南地区配置于疏林边缘；丛植于假山、亭台旁，构成山石小景；庭院中可于院墙一角，散植几株，自然潇洒；如选杜鹃、玉兰相配置，则花时，红白相间，争奇斗艳；群植以成山茶园，花时艳丽如锦。

相近种、变种及品种：浙江红山茶、油茶、茶梅。

165 茶梅（茶梅花）

Camellia sasanqua

科属：山茶科　山茶属。

株高形态：灌木，高 1～1.5 m。

识别特征：常绿灌木。叶革质，椭圆形，先端短尖，基部楔形，上面干后深绿色，发亮，下面褐绿色；边缘有细锯齿。花大小不一；苞及萼片 6～7；花瓣 6～7 片，阔倒卵形，近离生，大小不一，红色。蒴果球形，1～3 室，种子褐色。花期 11 月至次年 2 月。

生态习性：性强健，喜光，也稍耐阴，但以在阳光充足处花朵更为繁茂。喜温暖气候及富含腐殖质而排水良好的酸性土壤。

园林用途：茶梅姿态丰盈，花朵瑰丽，着花量多，适宜修剪，可作基础种植及常绿篱垣材料，可于庭院和草坪中孤植或对植；较低矮的茶梅可与其他花灌木配置花坛、花境，或植于林缘、角落、墙基等处作点缀装饰；还可利用自然丘陵地，在有一定蔽荫的疏林中建立茶梅专类园。亦可盆栽欣赏。

相近种、变种及品种：油茶、山茶。

1. 花枝；2. 花；3. 蓇葖果；4. 种子

166 秤锤树（捷克木）

Sinojackia xylocarpa

科属：安息香科　秤锤树属。

株高形态：小乔木，高达 7 m，胸径达 10 cm。树冠圆形。

识别特征：落叶乔木。树枝红褐色，表皮常呈纤维状脱落。叶纸质，倒卵形或椭圆形，顶端急尖，基部楔形或近圆形，边缘具硬质锯齿。总状聚伞花序生于侧枝顶端，有花 3～5 朵；花梗柔弱而下垂。果实卵形，红褐色，顶端具圆锥状的喙，外果皮木质，坚硬；种子 1 颗，长圆状线形，栗褐色。花期 3—4 月，果期 7—9 月。

生态习性：喜光树种，幼苗、幼树不耐荫蔽，喜生于深厚、肥沃；湿润、排水良好的土壤上，不耐干旱瘠薄。

园林用途：秤锤树枝叶浓密，色泽苍翠，花白色而美丽，果形奇特似秤锤，颇具野趣，是一种优良的园林绿化及观赏树种。园林中可群植于山坡，可与湖石或常绿树配置，也可盆栽制作盆景赏玩。

相近种、变种及品种：长果秤锤树、棱果秤锤树。

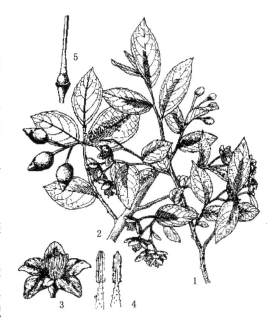

1. 花枝；2. 果枝；3. 花；
4. 雄蕊腹、背面观；5. 雌蕊

167 中华猕猴桃（阳桃、羊桃、羊桃藤、藤梨、猕猴桃）

Actinidia chinensis.

1. 花枝；2. 花萼；3. 花瓣；
4. 雄蕊；5. 雌蕊；6. 果

科属：猕猴桃科　猕猴桃属。

株高形态：大型藤本，高 4～9 m。

识别特征：落叶藤木。枝具白色片状髓。叶纸质，单叶互生，倒阔卵形或近圆形，顶端截平形并中间凹入或具突尖，急尖至短渐尖，基部钝圆形、截平形至浅心形，边缘具脉出的直伸的睫状小齿。聚伞花序 1～3 花；花初放时白色，放后变淡黄色，有香气；花瓣 5 片，阔倒卵形。果黄褐色，椭圆形；斑点；宿存萼片反折。花期 4 月中旬至 5 月中、下旬。

生态习性：喜阳光，略耐阴；喜温暖气候，也有一定耐寒能力，喜深厚、肥沃、湿润而排水良好的土壤。

园林用途：中华猕猴桃花大、美丽而又有芳香，叶大荫浓，病虫害少，兼有佳果，是良好的棚架材料，既可观赏又有经济收益，最适合在自然式公园中配置。

相近种、变种及品种：井冈山猕猴桃、硬毛猕猴桃。

168 毛叶杜鹃（毛鹃、大叶杜鹃）

Rhododendron radendum

1. 花枝；2. 花；3. 花冠纵剖面；
4. 雌蕊；5. 雄蕊

科属：杜鹃花科　杜鹃属。

株高形态：小灌木，高 0.5～1 m。树冠紧密。

识别特征：常绿灌木。小枝细瘦。叶革质，长圆状披针形、倒卵状披针形至卵状披针形，先端急尖或圆钝，基部圆钝，边缘反卷，上面绿色，有光泽，被鳞片，沿中脉有刚毛，下面密被淡黄褐色至深褐色具长短不等柄的多层屑状鳞片。花序顶生，密头状，具花 8～10 朵，花芽鳞在花期宿存；花冠狭管状，粉红至粉紫色，5 裂，裂片圆形，覆瓦状，开展。花期 5—6 月。

生态习性：耐寒，怕热，半荫偏阳植物。喜疏松、呈酸性，土壤以肥沃、疏松、排水良好的酸性沙质壤土为宜。耐修剪，萌发力强。

园林用途：毛叶杜鹃枝繁叶茂，花大色美，根桩奇特，是世界著名观赏植物。最宜在林缘、溪边、池畔及岩石旁成丛成片栽植，也可于疏林下散植，在庭园中常作为矮墙或花篱。

相近种、变种及品种：樱草杜鹃、红被杜鹃、水仙杜鹃。

169 **杜仲**（丝楝树皮、丝棉皮、棉树皮、胶树）

Eucommia ulmoides

科属：杜仲科　杜仲属。

株高形态：大乔木，高达 20 m，胸径约 50 cm。树冠圆球形。

识别特征：落叶乔木。树皮灰褐色，粗糙，内含橡胶，折断拉开有多数细丝。叶椭圆形，薄革质；基部圆形，先端渐尖；边缘有锯齿。花生于当年枝基部，雄花无花被；雌花单生。翅果扁平，长椭圆形，先端 2 裂，基部楔形，周围具薄翅；坚果位于中央，稍突起。种子扁平，线形，两端圆形。早春开花，秋后果实成熟。

生态习性：中生树。喜光，不耐荫蔽；喜温暖湿润气候及肥沃、湿润、深厚而排水良好的土壤。耐寒力强；并较耐盐碱。

园林用途：杜仲树体高大、树干端直、枝叶茂密，树形整齐优美，叶片碧绿，果实具翅，观绿期长，极少发生病虫害，具有良好的绿化、美化环境的功能。适于做庭荫树、行道树和绿化造林树种。

相近种、变种及品种：无。

1. 雌花枝；2. 雄花；3. 果枝；4. 幼苗

170 **桃叶珊瑚**（青木）

Aucuba chinensis

科属：绞木科　桃叶珊瑚属。

株高形态：灌木，高 3～6 m。树冠球形。

识别特征：常绿灌木。小枝粗壮，二歧分枝，绿色，光滑；皮孔白色，长椭圆形或椭圆形；叶痕大，显著。叶革质，椭圆形或阔椭圆形，先端锐尖或钝尖，基部阔楔形或楔形，稀两侧不对称，边缘微反卷；叶绿色，中脉在上面微显著，下面突出。圆锥花序顶生。幼果绿色，成熟为鲜红色，圆柱状或卵状，萼片、花柱及柱头均宿存于核果上端。花期 1—2 月；果熟期达翌年 2 月，常与一二年生果序同存于枝上。

生态习性：性耐阴，喜温暖湿润气候及肥沃湿润而排水良好土壤，不耐寒。

园林用途：良好的耐阴观叶、观果树种，宜于配置在林下及阴处，可种作观赏绿篱，或配山石、庭院、院中点缀数株，四季均可观赏。又可盆栽供室内观赏。

相近种、变种及品种：桃叶珊瑚、狭叶桃叶姗瑚。

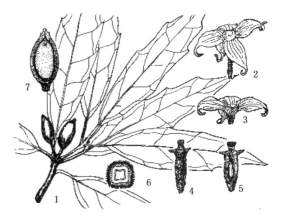

1. 果枝；2. 雄花；3. 雄花纵剖；4. 雌花；
5. 雌花纵剖；6. 子房横剖；7. 果纵剖

171 水团花（水杨梅、假马烟树）
Adina pilulifera

1. 花枝；2. 花

科属：茜草科　水团花属。

株高形态：灌木至小乔木，高达 5 m。

识别特征：常绿植物。叶对生，厚纸质，椭圆形至椭圆状披针形，顶端短尖至渐尖而钝头，基部钝或楔形。头状花序明显腋生，极稀顶生，花序轴单生，不分枝；花冠白色，窄漏斗状，花冠裂片卵状长圆形。小蒴果楔形；种子长圆形，两端有狭翅。花期 6—7 月。

生态习性：喜温暖湿润和阳光充足环境，较耐寒，不耐高温和干旱，萌发力强，枝条密集。适宜疏松、排水良好、微酸性砂质壤土。

园林用途：水团花枝条婀娜多姿，球状花秀丽夺目，且具有水质净化功能，是湖滨绿化的优良树种。适用于低洼地、池畔和塘边布置，可作花径绿篱，也是制作景观树和盆景的好材料。

相近种、变种及品种：细叶水团花。

172 栀子（水横枝、黄叶下、黄栀子、山栀子、林兰、越桃、木丹、山黄栀）
Gardenia jasminoides

1. 果枝；2. 花；3. 花纵剖面

科属：茜草科　栀子属。

株高形态：灌木，高 0.3～3 m。

识别特征：常绿灌木。枝圆柱形，灰色。叶对生，革质，叶形多样，长圆状披针形，两面常无毛。花芳香，通常单朵生于枝顶，萼管倒圆锥形或卵形，有纵棱；花冠白色或乳黄色，高脚碟状。果卵形、近球形、椭圆形或长圆形，黄色或橙红色，有翅状纵棱 5～9 条；种子多数，扁。花期 3—7 月，果期 5 月至翌年 2 月。

生态习性：喜光也能耐阴；喜温暖湿润气候，耐热也稍耐寒；喜肥沃、排水良好、酸性的轻黏壤土；抗 SO_2 能力较强。萌蘖力、萌芽力均强，耐修剪。

园林用途：栀子叶色亮绿，四季常绿，花大洁白，芳香馥郁，故为良好的绿化、美化、香化材料。可成片丛植或配置于林缘、庭前、院隅、路旁，可列植作花篱或用于街道和厂矿绿化，也可作阳台绿化、盆花、切花或盆景。

相近种、变种及品种：大花栀子、水栀子、重瓣栀子。

173 六月雪（白马骨、满天星）

Serissa japonica

科属：茜草科　白马骨属。

株高形态：矮小灌木，高不及 1 m，丛生，分枝繁多。

识别特征：常绿或半常绿灌木。有臭气。单叶对生或簇生于短枝叶革质，卵形至倒披针形，边全缘；叶柄短。花单生或数朵丛生于小枝顶部或腋生；花冠淡粉紫色或白色，裂片扩展。花期5—7月。

生态习性：性喜阴湿，喜温暖气候，在向阳而干燥处栽培生长不良，对土壤要求不严，中性、微酸性土均能适应，喜肥。萌芽力、萌蘖力均强，耐修剪。

园林用途：六月雪树形纤巧，枝叶扶疏，夏日盛花，宛如白雪满树，玲珑清雅，适宜作花境、花篱，于庭园路边及步道两侧作花径配置，极为别致；交错栽植在山石、岩际也极适宜。是制作盆景的好材料。

相近种、变种及品种："金边"六月雪、"重瓣"六月雪。

1. 花枝；2. 花

174 欧洲夹竹桃

Nerium oleander

科属：夹竹桃科　夹竹桃属。

株高形态：大灌木，高达 5 m。

识别特征：常绿直立灌木。枝条灰绿色，具乳液。叶3～4枚轮生，下枝为对生，窄披针形，顶端急尖，基部楔形，叶缘反卷。聚伞花序顶生，着花数朵；花红色；花冠为单瓣，微香，花萼裂片广展。蓇葖2，离生，长圆形；种子长圆形。花期 7—10 月；果期一般在冬春季，栽培很少结果。

生态习性：喜光；喜温暖温润气候，不耐寒；耐旱力强；抗烟尘及有毒气体能力强。性强健，耐盐碱，萌蘖性强，病虫害少。

园林用途：欧洲夹竹桃常植于公园、庭院、街头、绿地等处，枝叶繁茂、四季常绿，也是极好的背景树种；耐烟尘、抗污染，是工矿区、道路隔离带、高速公路、道路绿化等生长条件较差地区的优选树种。植株有毒，应用时应注意，尤其在居住区、儿童游乐场、幼儿园、青少年拓展训练基地绿化时慎用。

相近种、变种及品种：白花夹竹桃、夹竹桃。

1. 花枝；2. 花纵剖面；3. 果

175 络石（万字茉莉、白花藤、石龙藤）

Trachelospermum jasminoides

1. 花枝；2. 花蕾；3. 花；4. 花冠筒展开，
   示雄蕊；5. 花萼展开，示腺体和雄蕊；
   6. 蓇葖果；7. 种子

科属：夹竹桃科 络石属。

株高形态：常绿木质藤本，长达 10 m。

识别特征：气生根攀缘。具乳汁；茎赤褐色，圆柱形，有皮孔。叶革质，椭圆形，顶端锐尖至渐尖或钝，基部渐狭至钝。二歧聚伞花序腋生或顶生，花多朵组成圆锥状；花白色，芳香；花冠 5 裂片开展并右旋，形如风车。蓇葖双生，叉开，线状披针形；种子多颗，褐色，线形。花期 3—7月，果期 7—12 月。

生态习性：喜光，耐阴；喜温暖湿润气候，耐寒性不强；对土壤要求不严，且抗干旱；也抗海潮风。萌蘖性尚强。

园林用途：络石叶色浓绿，四季常绿，花白繁茂，且具芳香，分布于长江流域及华南等暖地，在泰山阴坡也见零星分布。多植于枯树、假山、墙垣之旁，令其攀缘而上，颇优美自然；其耐阴性较强，故宜作林下或常绿孤立树下的常绿地被。华北地区常温室盆栽观赏。

相近种、变种及品种：狭叶络石、花叶络石。

176 蔓长春花（长春蔓、攀缘长春花）

Vinca major

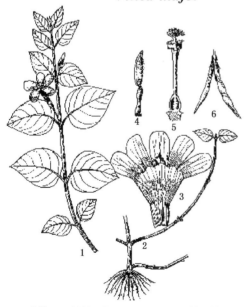

1. 花枝；2. 植株下部；3. 花冠展开，示雄蕊着生；
   4. 雄蕊；5. 雌蕊，示子房纵切面；6. 蓇葖果

科属：夹竹桃科 蔓长春花属。

株高形态：蔓性半灌木，株高 30～40 cm。

识别特征：常绿植物。茎偃卧，花茎直立；除叶缘、叶柄、花萼及花冠喉部有毛外，其余均无毛。叶椭圆形，先端急尖，基部下延；侧脉约 4 对。花单朵腋生；花萼裂片狭披针形；花冠蓝色、紫罗兰色，花冠筒漏斗状，花冠裂片倒卵形，先端圆形。蓇葖长约 5 cm，双生，直立。花期 3—5 月。

生态习性：速生树种。喜温暖，阳光充足的环境，也稍耐阴。对土壤要求不严，以肥沃、排水良好的沙壤土生长为宜。耐水湿，耐寒性较强，抗雪压，抗干寒风能力强。萌芽力强。

园林用途：蔓长春花四季常绿，花色绚丽，是良好的地被观赏植物。在园林上多用于观叶，可用于垂直绿化；还可作为室内观赏植物，配置于楼梯边、栏杆上或盆栽置放在案台上。可作为水土保持植物应用。

相近种、变种及品种：花叶蔓长春花。

177 枸杞（枸杞菜、红珠仔刺、牛吉力、狗牙子、狗奶子、枸杞头）
Lycium chinense

科属：茄科　枸杞属。

株高形态：多分枝灌木,高0.5~1m,栽培时可达2m多。

识别特征：落叶灌木。枝条细弱,弓状弯曲或俯垂,淡灰色,有纵条纹,有针状棘刺。叶纸质或栽培者质稍厚,单叶互生或2~4枚簇生,卵状披针形,顶端急尖,基部楔形。花在长枝上单生或双生于叶腋;花冠漏斗状,淡紫色。浆果红色,卵状,栽培可成长矩圆状或长椭圆状。种子扁肾脏形,黄色。花果期6—11月。

生态习性：性强健,稍耐阴;喜温暖,较耐寒;对土壤要求不严,耐干旱、耐碱性都很强,忌黏质土及低湿条件。

园林用途：枸杞花朵紫色,花期长,入秋红果累累,缀满枝头,是庭园秋季观果灌木。可于池畔、河岸、山坡、径旁、悬崖石隙以及林下、井边栽植。根干虬曲多姿的老株常作树桩盆景,雅致美观。由于它耐干旱,可生长在沙地,因此还可作为水土保持的灌木。还是观赏、蔬菜和药用等多用途植物。

相近种、变种及品种：北方枸杞。

1. 花枝；2. 果枝；3. 花冠展开；
4. 栽培品种的果

178 珊瑚樱（冬珊瑚、红珊瑚、四季果、吉庆果、珊瑚子）
Solanum pseudocapsicum

科属：茄科　茄属。

株高形态：小灌木,高可达2m。

识别特征：常绿灌木。直立分枝,全株光滑无毛。叶互生,狭长圆形至披针形先端尖或钝,基部狭楔形下延成叶柄,边全缘或波状。花多单生,腋外生或近对叶生;花小,白色;萼绿色5裂;花冠筒隐于萼内。浆果橙红色,萼宿存,顶端膨大。种子盘状,扁平。花期初夏,果期秋末。

生态习性：性喜阳光,温暖、半阴处也能生长,稍耐寒,可耐−5℃低温。喜土层深厚疏松的肥沃土壤。耐旱性较差,忌水涝。

园林用途：珊瑚樱果实颜色鲜艳,从结果至落果可长达3个月,宜盆栽,是观果花卉中观果期较长的植物之一。除盆栽观赏外还可露地栽植,花坛点缀、山坡、水畔、墙际、石旁、庭院、草坪、林缘都可,既可孤植也可丛植。可用于切花。珊瑚樱全株有毒,应用时应注意。

相近种、变种及品种：珊瑚豆。

1. 花枝；2. 果

179 连翘（黄花杆、黄寿丹）

Forsythia suspensa

连翘：1. 果枝；2. 花枝；3. 花冠展开；
金钟花：4. 果枝；5. 花枝；6. 花冠展开

科属： 木犀科　连翘属。

株高形态： 小灌木。株高约3 m。

识别特征： 落叶灌木。枝干丛生，小枝黄色，拱形下垂，中空。枝开展或下垂，略呈四棱形，疏生皮孔，节间中空，节部具实心髓。叶通常为单叶，或3裂至三出复叶，叶片卵形，先端锐尖，叶缘除基部外具锐锯齿或粗锯齿。花通常单生或2至数朵着生于叶腋，先于叶开放；花萼绿色；花冠黄色，圆。果卵球形，先端喙状渐尖，表面疏生皮孔。花期3—4月，果期7—9月。

生态习性： 喜光，有一定程度的耐阴性；喜温暖湿润气候，也很耐寒；耐干旱瘠薄，怕涝；不择土壤。

园林用途： 连翘树姿优美、生长旺盛。早春先叶开花，且花期长、花量多，盛开时满枝金黄，芬芳四溢，令人赏心悦目，是早春优良观花灌木，可以做成花篱、花丛、花坛等，园林应用广泛，是观赏、药用兼用型的优良树种。

相近种、变种及品种： 毛连翘、卵叶连翘、金钟花。

180 金钟花（迎春柳、迎春条、金梅花、金铃花、土连翘）

Forsythia viridissima

科属： 木犀科　连翘属。

株高形态： 小灌木。高可达3 m。

识别特征： 落叶灌木。枝棕褐色或红棕色，直立，小枝绿色或黄绿色，呈四棱形，皮孔明显，具片状髓。叶片长椭圆形，先端锐尖，上半部具不规则锐锯齿或粗锯齿。花1～4朵着生于叶腋，先于叶开放；花萼绿色；花冠深黄色，基部具桔黄色条纹，反卷。果卵形或宽卵形，先端喙状渐尖，具皮孔。花期3—4月，果期8—11月。

生态习性： 温带、亚热带树种，喜光耐半阴，耐旱，耐寒，忌湿涝。不择土壤。

园林用途： 金钟花花期盛开时满枝金黄，芬芳四溢，令人赏心悦目，是早春优良观花灌木，可以做成花篱、花丛、花坛等。全国各地均有栽培，尤以长江流域一带栽培较为普遍。

相近种、变种及品种： 连翘。

181 白蜡树（青榔木、白荆树）

Fraxinus chinensis

科属：木犀科　梣属。

株高形态：乔木,高 10～12 m。树冠圆形或倒卵形。

识别特征：落叶乔木。树皮灰褐色,纵裂。小枝黄褐色,粗糙。羽状复叶,叶轴挺直;小叶硬纸质,卵形,先端锐尖至渐尖,基部钝圆或楔形,叶缘具整齐锯齿。圆锥花序顶生或腋生枝梢。翅果匙形,上中部最宽,先端锐尖,常呈犁头状,基部渐狭,翅平展,下延至坚果中部,坚果圆柱形。花期 4—5 月,果期 7—9 月。

生态习性：速生树。阳性树种。耐轻度盐碱,喜湿润、肥沃的砂质或砂壤质土壤。根系发达,植株萌发力强,性耐瘠薄干旱。

园林用途：白蜡树树干干形通直端正,枝叶繁茂,秋叶橙黄,景观效果好,是园林绿化的主要树种之一。可孤植、丛植、行植,宜作行道树、庭院树、公园树等。具有抗烟尘、SO_2 和 Cl_2 的性能,是工厂、城镇绿化美化的好树种,也是防风固沙和护堤护路的优良树种。

相近种、变种及品种：洋白蜡、美国白梣、欧梣、花梣。

1. 花枝; 2. 雌花

182 探春花（迎夏、鸡蛋黄、牛虱子）

Jasminum floridum

科属：木犀科　素馨属。

株高形态：直立或攀援灌木,高 0.4～3 m。

识别特征：半常绿灌木。小枝褐色或黄绿色,扭曲,四棱,无毛。叶互生,复叶,小叶 3 或 5 枚;小叶片卵形,先端急尖,基部楔形或圆形;单叶通常为宽卵形、椭圆形或近圆形。聚伞花序或伞状聚伞花序顶生,有花 3～25 朵;苞片锥形;花冠黄色,近漏斗状。果长圆形或球形,成熟时呈黑色。花期 5—9 月,果期 9—10 月。

生态习性：喜温暖湿润的向阳之地。耐阴、耐寒性较强。

园林用途：探春长条披垂,宜配置于池边,溪畔,悬岩,石缝,常丛植在高大乔木之下,亦可庭前阶旁丛植,还可于公园草坪边缘和丛林周围成片种植,或作花径,花丛应用。可盆栽制作盆景、切花,将花枝瓶插,花期可维持月余,且枝条能在水中生根。

相近种、变种及品种：黄素馨、黄馨、毛叶探春。

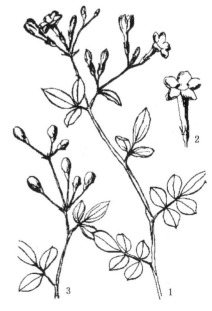

1. 花枝; 2. 花; 3. 果枝

野迎春（云南黄馨、迎春柳花、金腰带、南迎春）

Jasminum mesnyi

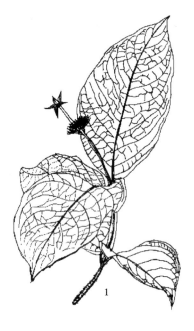

1. 花枝

科属：木犀科　素馨属。

株高形态：常绿直立亚灌木，高 0.5～5 m。

识别特征：枝条下垂，枝四棱形，具沟，光滑无毛。叶对生，三出复叶或小枝基部具单叶；近革质，叶缘反卷；花通常单生于叶腋，稀双生或单生于小枝顶端；苞片叶状，倒卵形或披针形；花萼钟状，花冠黄色，漏斗状，栽培时出现重瓣。果椭圆形。花期 11 月至翌年 8 月，果期 3—5 月。

生态习性：喜光，稍耐阴，略耐寒，怕涝，要求温暖而湿润的气候，疏松肥沃和排水良好的砂质土，在酸性土中生长旺盛。根部萌发力强。枝条着地部分极易生根。

园林用途：野迎春枝条披垂，早春先花后叶，花大、花色金黄美丽，叶丛翠绿，在园林中常成片配置在湖边、溪畔、桥头、墙隅或在草坪、林缘、坡地等处。是上海高架桥沿悬垂绿化的植物素材。

相近种、变种及品种：淡红素馨、白萼素馨、异叶素馨。

184 **迎春花**（迎春、黄素馨、金腰带）

Jasminum nudiflorum

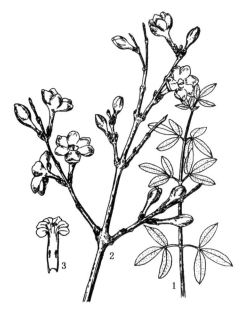

1. 花枝；2. 枝条；3. 花纵剖

科属：木犀科　素馨属。

株高形态：大灌木，直立或匍匐，高 0.3～5 m，枝条下垂。

识别特征：落叶或半满绿灌木。枝稍扭曲，光滑无毛，小枝四棱形，棱上多少具狭翼。叶对生，三出复叶，小枝基部常具单叶；小叶片卵形。花单生于去年生小枝的叶腋；先叶开放，有清香，花冠黄色，高脚碟状，圆形或椭圆形，先端锐尖或圆钝。花期 2—4 月。

生态习性：喜光，稍耐阴。喜温暖湿润气候，耐寒，耐空气干燥。对土壤要求不严，在肥沃、湿润、排水良好的中性土壤中生长最好，较耐干旱瘠薄，不耐涝。

园林用途：迎春花株型铺散，柔枝拱垂，早春先叶开花，金黄可爱，冬季鲜绿的枝条在白雪映衬下也很美观。宜配置于湖边、溪畔、桥头、墙隅、草坪、林缘、坡地等处，也可作开花地被。是盆栽和制作盆景的好材料。

相近种、变种及品种：垫状迎春。

185 女贞（青蜡树、大叶蜡树、白蜡树、蜡树、大叶女贞）

Ligustrum lucidum

科属：木犀科 女贞属。

株高形态：大灌木或乔木，高可达 25 m。树冠卵形。

识别特征：常绿植物。树皮灰绿色，平滑不开裂。枝条开展，光滑无毛。单叶对生，卵形或卵状披针形，先端渐尖，基部楔形或近圆形，全缘，表面深绿色，有光泽，叶背浅绿色，革质。花白色，圆锥花序顶生。浆果状核果近肾形，深蓝黑色，成熟时呈红黑色，被白粉。花期 5—7 月，果期 7 月至翌年 5 月。

生态习性：喜光，稍耐阴。喜温暖湿润气候，稍耐寒。不耐干旱和瘠薄，适生于肥沃深厚、湿润的微酸性至微碱性土壤。根系发达。萌蘗力强，耐修剪。抗 Cl_2、SO_2 和 HF 等气体。

园林用途：女贞枝叶清秀，终年常绿，夏日满树白花，又适应城市气候环境，是长江流域常见的绿化树种；常栽于庭园观赏，广泛栽植于街坊、宅院，或作行道树，或修剪作绿篱用。对多种有毒气体抗性较强，可作为工矿区的抗污染树种。

相近种、变种及品种：落叶女贞。

1，2. 花枝；3. 花；
4，5. 花冠展开；6. 种子

186 小叶女贞（米叶冬青、小叶水蜡）

Ligustrum quihoui

科属：木犀科 女贞属。

株高形态：灌木，高 1～5 m。

识别特征：落叶或半常绿植物。小枝淡棕色，圆柱形。叶片薄革质，形状和大小变异较大，叶缘反卷，绿色。圆锥花序顶生，近圆柱形；花冠裂片卵形或椭圆形，先端钝。果倒卵形、宽椭圆形或近球形，呈紫黑色。花期 5—7 月，果期 8—11 月。

生态习性：速生树。喜光照，稍耐阴，较耐寒，华北地区可露地栽培；对 SO_2、Cl_2 等有毒气体有较好的抗性。性强健，耐修剪，萌发力强。

园林用途：小叶女贞叶小常绿，枝叶紧密、圆整、且耐修剪，生长迅速，为园林绿化中重要的绿篱材料。优良的抗污染树种，可在大气污染严重地区栽植。盆栽可制成大、中、小型盆景。可作桂花、丁香等树的砧木。

相近种、变种及品种：金森女贞、倒卵叶女贞、细女贞。

倒卵叶女贞：1. 花枝；
小叶女贞：2. 花枝；3. 花

187 小蜡（黄心柳、水黄杨、千张树）

Ligustrum sinense

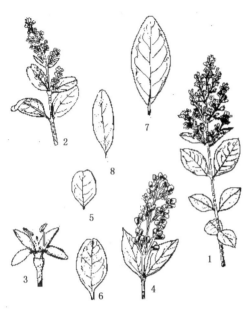

1，2. 花枝；3. 花；4. 果枝；5—8. 叶形变异

科属：木犀科 女贞属。

株高形态：灌木或小乔木，高 2～7 m。

识别特征：落叶植物。小枝圆柱形。叶片纸质或薄革质，卵形。圆锥花序顶生或腋生，塔形；花序轴被较密淡黄色短柔毛或柔毛以至近无毛；花萼截形或呈浅波状齿。果近球形。花期 3—6 月，果期 9—12 月。

生态习性：喜光，喜温暖湿润气候，稍耐阴。耐修剪。抗 SO_2 和 HF 等多种有毒气体。生于山坡、山谷、溪边、河旁、路边的密林、疏林或混交林中。

园林用途：小蜡常植于庭院观赏，丛植于林缘、池边、石旁；规则式园林多修剪成长、方、圆形几何体，各地普遍栽培作绿篱。可作树桩盆景。

相近种、变种及品种：罗甸小蜡、多毛小蜡、皱叶小蜡。

188 木犀（桂花、岩桂）

Osmanthus fragrans

1. 花枝；2. 果枝；3. 花序；4. 叶

科属：木犀科 木犀属。

株高形态：小乔木或丛生灌木，高 3～5 m，最高可达 18 m。树冠圆球形。

识别特征：常绿植物。树皮灰褐色。小枝黄褐色。叶片革质，椭圆形面端尖，先端渐尖，基部楔形，全缘或通常上半部具细锯齿，两面无毛。聚伞花序簇生于叶腋，或近于帚状，每腋内有花多朵；苞片宽卵形，质厚；花极芳香；花萼裂片稍不整齐。果歪斜，椭圆形，呈紫黑色。花期 9—10 月上旬，果期翌年 3 月。

生态习性：较喜阳光，亦能耐阴。喜温暖，抗逆性强，既耐高温，也较耐寒。以土层深厚、疏松肥沃、排水良好的微酸性砂质壤土最为适宜。

园林用途：木犀终年常绿，枝繁叶茂，秋季开花，芳香四溢。传统配置中自古就有"两桂当庭""双桂留芳"，也常把玉兰、海棠、迎春、牡丹、桂花同植庭前，取"玉、堂、春、富、贵"之谐音。是中国特有园林植物。

相近种、变种及品种：丹桂、金桂、银桂、四季桂。

189 柊树(刺桂)

Osmanthus heterophyllus

科属：木犀科　木犀属。

株高形态：小乔木或灌木,高 1～5 m。树冠圆整。

识别特征：常绿植物。叶片革质,长圆状椭圆形或椭圆形,先端渐尖,具针状尖头,基部楔形或宽楔形,叶缘具3～4 对刺状牙齿或全缘。花序簇生于叶腋,被柔毛;花略具芳香;花冠白色。果卵圆形,呈暗紫色。花期10—11 月,果期翌年5—6 月。

生态习性：喜光,也能耐阴。稍耐寒,生长慢。对土壤要求低,在排水良好、湿润肥沃的土壤中生长旺盛。

园林用途：柊树树冠圆整,四季常绿,白花簇生叶腋,芳香,有银斑、黄斑等变种,亦栽为庭院树,以供观赏。因其适应性强,栽培容易,故适合制作盆景。

相近种、变种及品种：异叶柊树、银斑柊树、黄斑柊树。

1. 花枝；2. 果；3-4. 花

190 丁香(紫丁香、洋丁香)

Syringa oblata

科属：木犀科　丁香属。

株高形态：灌木或小乔木,高可达 5 m。

识别特征：落叶植物。小枝近圆柱形或带四棱形,具皮孔。叶对生,单叶,全缘;具叶柄。花两性,聚伞花序排列成圆锥花序,顶生或侧生;花萼小,钟状;花冠漏斗状、高脚碟状或近幅状,裂片 4 枚,开展或近直立,花蕾时呈镊合状排列。果为蒴果,微扁,2 室,室间开裂;种子扁平,有翅。花期4 月。

生态习性：生喜光,稍耐阴。喜温暖湿润的气候,有一定的耐寒性和较强的耐旱力。耐瘠薄,喜肥沃、排水良好的土壤。

园林用途：丁香植株丰满秀丽,枝叶茂密,具独特的芳香,广泛栽植于庭园、居民区等地。常丛植于建筑前、茶室、凉亭周围;散植于园路两旁、草坪之中;与其他种类丁香可配置成专类园。可盆栽、切花等用。

相近种、变种及品种：白丁香、暴马丁香、欧丁香。

1. 果枝；2. 花冠展开；3. 叶；4. 花序

191 醉鱼草（闭鱼花、痒见消、鱼尾草、五霸蔷、雉尾花、铁帚尾、鱼泡草）

Buddleja lindleyana

1. 花枝；2. 雄蕊背面；3. 雄蕊腹面；4. 子房横切；
5. 宿存花萼；6. 花和小苞片；7. 花冠展开

科属：玄参科　醉鱼草属。

株高形态：小灌木，高1～3 m。

识别特征：落叶灌木。茎皮褐色；小枝具四棱，棱上略有窄翅。叶对生，叶片膜质，长圆状披针形。穗状聚伞花序顶生；苞片线形；果序穗状。蒴果长圆状或椭圆状，有鳞片，基部常有宿存花萼。种子淡褐色，小，无翅。花期4—10月，果期8月至翌年4月。

生态习性：喜温暖湿润气候和深厚肥沃的土壤，适应性强，但不耐水湿。

园林用途：醉鱼草花芳香而美丽，为公园常见优良观赏植物。在园林绿化中可用作坡地、墙隅绿化，装点山石、庭院、道路、花坛。也可作切花用。

相近种、变种及品种：台湾醉鱼草、大花醉鱼草。

192 紫珠（珍珠枫、漆大伯、大叶鸦鹊饭、白木姜、爆竹紫）

Callicarpa bodinieri

1. 花枝；2. 花；
3. 花冠展开,示雄蕊；4. 雄蕊

科属：唇形科　紫珠属。

株高形态：大灌木，高约2 m。树冠拱枝形。

识别特征：落叶灌木。小枝、叶柄和花序均被粗糠状星状毛。叶片卵状长椭圆形至椭圆形，顶端长渐尖至短尖，基部楔形，边缘有细锯齿。聚伞花序，4～5次分歧；苞片细小，线形；萼齿钝三角形；花冠紫色，被星状柔毛和暗红色腺点。果实球形，熟时紫色。花期6—7月，果期8—11月。

生态习性：属亚热带、暖温带植物，喜温、喜湿、怕风、怕旱，适宜气候条件为年平均温度15～25℃，年降雨量1 000～1 800 mm。土壤以红黄壤为好，在阴凉的环境生长较好。

园林用途：紫珠株形秀丽，花色绚丽，果实色彩鲜艳，珠圆玉润，犹如一颗颗紫色的珍珠，是一种既可观花又能赏果的优良植物。常用于园林绿化或庭院栽种，也可盆栽观赏，其果穗还可剪下作为瓶插或切花材料。

相近种、变种及品种：南川紫珠、柳叶紫珠、老鸦糊。

193 海州常山（臭梧桐、泡火桐、臭梧、后庭花、香楸）

Clerodendrum trichotomum

科属：唇形科　大青属。

株高形态：灌木或小乔木，高 1.5～10 m。

识别特征：落叶植物。老枝灰白色，髓白色，有淡黄色薄片状横隔。叶片纸质，三角状卵形，顶端渐尖，基部截形。伞房状聚伞花序顶生或腋生；苞片叶状，椭圆形；花萼蕾时绿白色，后紫红色，基部合生，中部略膨大，有 5 棱脊，顶端 5 深裂，裂片三角状披针形；花香，花冠白色或带粉红色，花冠管细；雄蕊 4，花丝与花柱同伸出花冠外。核果近球形，蓝紫色。花果期 6—11 月。

生态习性：喜光，稍耐阴，有一定耐寒性，对土壤要求不严。耐干旱，怕水湿。对有毒气体抗性较强。

园林用途：海州常山花开大而洁白，花期较长，果实鲜艳亮丽，宜丛植或散植于草坪、林缘、园路旁、水畔、建筑前作景观树种，是重要的秋季观花灌木，多应用于风景旅游区、郊野公园、居住区绿化中。

相近种、变种及品种：大青、赪桐、臭牡丹。

1. 花枝；2. 花

194 穗花牡荆

Vitex agnus-castus

科属：唇形科　牡荆属。

株高形态：大灌木，高 2～3 m。

识别特征：落叶灌木。落叶小枝四棱形，被灰白色绒毛。掌状复叶，对生，小叶 4～7，小叶片狭披针形，全缘，顶端渐尖，基部楔形，表面绿色，背面密被灰白色绒毛和腺点。聚伞花序排列成圆锥状；苞片线形，有毛；花萼钟状；花冠蓝紫色。果实圆球形。花期 7—8 月。

生态习性：喜光，耐寒冷，亦耐热；耐干旱瘠薄，生长势强，抗性强，病虫害少；植株分枝性强，耐修剪。

园林用途：穗花牡荆因其蓝紫色的大型花序而闻名，可与常绿灌木搭配，以弥补其冬季效果；在少花又炎热的夏季是难得的时令花卉，一簇簇幽蓝，是花境、庭院、道路两侧十分优秀的配置材料。

相近种、变种及品种：黄荆、莺哥木、山牡荆、蔓荆。

1. 花枝；2. 花；3，4. 花展开示雄蕊

195 毛泡桐（紫花泡桐、冈桐、日本泡桐）

Paulownia tomentosa

1. 叶；2. 叶下面毛；3. 果序枝；
4，5. 花；6. 种子；7. 果

科属：泡桐科　泡桐属。

株高形态：大乔木，高达 20 m。树冠宽大伞形。

识别特征：落叶乔木。树皮褐灰色；小枝有明显皮孔。叶片心脏形，顶端锐尖头，全缘或波状浅裂，上面毛稀疏。花序为金字塔形或狭圆锥形，具花 3～5 朵；萼浅钟形；花冠紫色，漏斗状钟形。蒴果卵圆形，先端锐尖，外果皮革质。花期 4—5 月，果期 8—9 月。

生态习性：速生树。为强阳性树种，不耐蔽荫。不宜在黏重土壤生长，喜疏松深厚、排水良好的土壤，不耐水涝。萌芽力、萌蘖力均强。对有毒气体的抗性及吸滞粉尘的能力都较强。

园林用途：毛泡桐树态优美，疏叶大，树冠开张，花色绚丽，四月间盛开簇簇紫花或白花，清香扑鼻。叶片被毛，分泌一种黏性物质，能吸附大量烟尘及有毒气体，是城镇绿化及营造防护林、农用林的优良树种。

相近种、变种及品种：光泡桐、楸叶桐。

196 凌霄（紫葳、苕华、藤五加、过路娱蚣、接骨丹、五爪龙、上树龙）

Campsis grandiflora

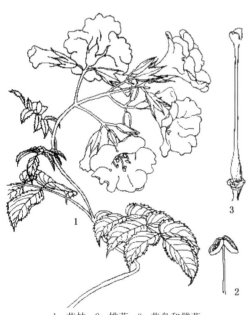

1. 花枝；2. 雄蕊；3. 花盘和雌蕊

科属：紫葳科　凌霄属。

株高形态：木质攀援藤本。

识别特征：落叶藤本。表皮脱落，枯褐色，以气生根攀附于他物之上。叶对生，为奇数羽状复叶；小叶 7～9 枚，卵形至卵状披针形，顶端尾状渐尖，基部阔楔形，两侧不等大，边缘有粗锯齿。顶生疏散的短圆锥花序，花萼钟状，分裂至中部，裂片披针形。花冠内面鲜红色，外面橙黄色，裂片半圆形。蒴果顶端钝。花期 5—8 月。

生态习性：喜充足阳光、温湿的环境，也耐半荫。适应性较强，耐寒、耐旱、耐瘠薄、耐盐碱，病虫害较少，但不适宜在暴晒或无阳光下。以排水良好、疏松的中性沙土壤为宜，忌酸性土。

园林用途：凌霄具有较强的攀援能力，花色鲜红艳丽，花势盛大，花期较长，是一种优良藤本观赏植物，常植于墙垣、山石、枯树、棚架或花廊之处。凌霄花寓意慈母之爱，经常与冬青、报春放在一起，结成花束赠送给母亲，表达对母亲的热爱之情。

相近种、变种及品种：美国凌霄、硬骨凌霄。

197 梓（楸、水桐、臭梧桐、黄花楸、水桐楸、木角豆）
Catalpa ovata

科属：紫葳科　梓属。

株高形态：大乔木，高达 15 m 以上。树冠伞形。

识别特征：落叶乔木。主干通直。叶对生或近于对生，有时轮生，阔卵形，长宽近相等，顶端渐尖，基部心形，全缘或浅波状，常 3 浅裂，叶片上面及下面均粗糙。顶生圆锥花序；花萼蕾时圆球形；花冠钟状，淡黄色，内面具 2 黄色条纹及紫色斑点。蒴果线形，下垂。种子长椭圆形，两端具有平展的长毛。

生态习性：速生树。浅根性树种。喜光，喜温暖的气候，稍耐阴，喜肥沃湿润而排水良好的土壤，不耐干旱瘠薄。抗污染能力较强。

园林用途：梓树树体端正，冠幅开展，叶大荫浓，春夏黄花满树，秋冬莱果悬挂，是具有观赏价值的树种。可作为庭荫树及行道树，也常作工矿区及农村四旁绿化树种。

相近种、变种及品种：楸、灰楸、黄金树、美国梓树。

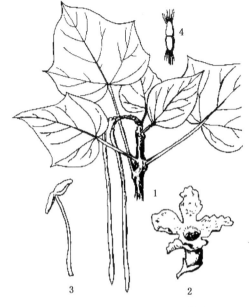

1. 果枝；2. 花；3. 雄蕊；4. 种子

198 枸骨（猫儿刺、老虎刺、八角刺、鸟不宿、狗骨刺、猫儿香、老鼠树）
llex cornuta

科属：冬青科　冬青属。

株高形态：大灌木或小乔木，高 0.6～3 m。球形树冠。

识别特征：常绿植物。树皮灰白色，平滑。叶片厚革质，二型，四角状长圆形或卵形，中央刺齿常反曲，基部圆形或近截形，叶面深绿色，具光泽，背淡绿色，无光泽。花序簇生于二年生枝的叶腋内；花淡黄色，4 基数。果球形，成熟时鲜红色。花期 4—5 月，果期 10—12 月。

生态习性：慢生树。喜阳光，也能耐阴。耐干旱，喜肥沃的酸性土壤，不耐盐碱。较耐寒，长江流域可露地越冬。

园林用途：枸骨树形美丽，枝繁叶茂，四季常绿，入秋后红果满枝，经冬不凋，艳丽可爱，是优良观叶、赏果庭园、盆景树种。在欧美国家常用于圣诞节的装饰，故也称"圣诞树"。宜作基础种植或岩石园材料，对植于前庭、路口，或丛植于草坪边缘。同时又是很好的绿篱（兼有果篱、刺篱的效果）。

相近种、变种及品种：无刺枸骨、黄果枸骨。

1. 花枝；2. 果枝；
3-5. 花及花展开；6. 花萼

199 接骨木（木蒴藋、续骨草、九节风）

Sambucus williamsii

1. 果枝；2. 果；3. 花

科属：五福花科　接骨木属。

株高形态：大灌木或小乔木，高达5～6 m。

识别特征：落叶植物。茎无棱，多分枝。老枝淡红褐色，长椭圆形皮孔，髓部淡褐色。羽状复叶有小叶2～3对，侧生小叶片卵圆形，顶端尖，边缘具不整齐锯齿，基部楔形或圆形。花与叶同出，圆锥形聚伞花序顶生，花序分枝多成直角开展；花小而密；萼筒杯状；花冠蕾时带粉红色，开后白色或淡黄色，筒短。果实红色，极少蓝紫黑色，卵圆形或近圆形。花期4—5月，果熟期9—10月。

生态习性：性强健，喜光，耐寒，耐旱；喜肥沃疏松、湿润的壤土。根系发达，萌蘖性强。忌水涝。抗污染性强。

园林用途：接骨木枝叶茂密，春季白花满树，夏秋红果累累，是良好的观赏、药用灌木，宜植于草坪、林缘或水边等园林绿地。对HF的抗性强，对Cl_2、HCl、SO_2等也有较强的抗性，故可用于城市、工厂的防护林。

相近种、变种及品种：毛接骨木、花叶西洋接骨木。

200 荚蒾（檕迷、檕蒾）

Viburnum dilatatum

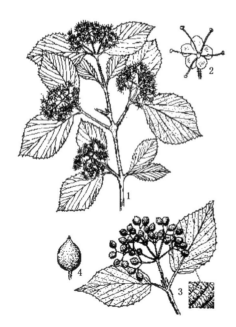

1. 花枝；2. 花；3. 果枝；4. 果

科属：五福花科　荚蒾属。

株高形态：大灌木，高1.5～3 m。树冠球形。

识别特征：落叶灌木。叶纸质，宽倒卵形、倒卵形、或宽卵形，顶端急尖，基部圆形至钝形或微心形，边缘有牙齿状锯齿，齿端突尖。复伞形式聚伞花序稠密；萼筒狭筒状；花冠白色，辐状，裂片圆卵形。果实红色，椭圆状卵圆形；核扁，卵形。花期5—6月，果熟期9—11月。

生态习性：喜光，喜温暖湿润，也耐阴，耐寒，对气候及土壤条件要求不严，尤喜微酸性肥沃土壤。

园林用途：荚蒾枝叶稠密，树冠球形；叶形美观，入秋变为红色；开花时节，纷纷白花布满枝头；果熟时，累累红果，令人赏心悦目。适用于庭院、公共绿地等处，也是制作盆景的良好素材。

相近种、变种及品种：庐山荚蒾、黄褐绒毛荚蒾。

201 珊瑚树（极香荚蒾、早禾树、法国冬青）

Viburnum odoratissimum

科属：五福花科　荚蒾属。

株高形态：灌木或小乔木，高达 10～15 m。树冠圆柱形。

识别特征：常绿植物。枝灰色或灰褐色，有凸起的小瘤状皮孔。叶革质，倒卵形至倒卵形。圆锥花序顶生或生于侧生短枝上，宽尖塔形。花芳香；萼筒筒状钟形；花冠白色，后变黄白色，有时微红，辐状。果实先红色后变黑色，卵圆形；核卵状椭圆形。花期 4—5 月，果熟期 7—9 月。

生态习性：喜温暖、稍耐寒，喜光稍耐阴。根系发达、萌芽性强，耐修剪，对有毒气体抗性强。

园林用途：珊瑚树枝繁叶茂，又耐修剪，红果形如珊瑚，因此在绿化中被广泛应用。在规则式庭园中常整修为绿墙、绿门、绿廊，在自然式园林中多孤植、丛植装饰墙角，用于隐蔽遮挡。沿园界墙中遍植珊瑚树，以其自然生态体形代替装饰砖石、土等构筑起来的呆滞背景，可产生"园墙隐约于萝间"的效果。

相近种、变种及品种：荚蒾。

1. 花枝；2. 花；3. 果

202 蝴蝶戏珠花（蝴蝶花、蝴蝶树、蝴蝶荚蒾、蝴蝶木）

Viburnum plicatum var. *tomentosum*

科属：五福花科　荚蒾属。

株高形态：灌木，高达 3 m。

识别特征：落叶灌木。当年小枝浅黄褐色，四角状，被由黄褐色簇状毛组成的绒毛，两年生小枝灰褐色或灰黑色，稍具棱角或否，散生圆形皮孔，老枝圆筒形，近水平状开展。叶纸质，较狭，宽卵形或矩圆状卵形，两端有时渐尖，下面常带绿白色。聚伞花序，球形，花冠白色，辐状，倒卵形或近圆形，顶圆形，大小常不相等；雌、雄蕊均不发育。花期 4—5 月。

生态习性：慢生树。喜阳光充足、温暖湿润气候及排水良好的酸性肥沃土壤。较耐寒，稍耐半阴。好生于富含腐殖质的壤土。

园林用途：蝴蝶戏珠花花型如盘，真花如珠，装饰花似粉蝶，远眺酷似群蝶戏珠，惟妙惟肖。适于庭园配置，春夏赏花，秋冬观果。可配置于各地假山与岩石景观附近。

相近种、变种及品种：粉团、雪球荚蒾。

1. 花枝；2. 花；3. 果枝；4. 果腹面放大；
5. 果背面放大；6. 果剖面放大

203 地中海荚蒾（月桂荚蒾）

Viburnum tinus

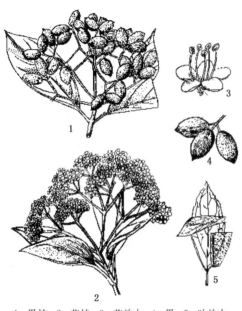

1. 果枝；2. 花枝；3. 花放大；4. 果；5. 叶放大

科属：五福花科　荚蒾属。

株高形态：大灌木。冠径可达 2.5～3 m。树冠球形。

识别特征：常绿灌木。叶椭圆形，深绿色。聚伞花序，单花小，花蕾粉红色，花蕾期很长，可达 5 个多月，盛开后花白色，花期在原产地从 11 月直到翌存 4 月。果卵形，深蓝黑色。

生态习性：喜光，也耐阴，能耐－15～－10℃的低温，在上海地区可安全越冬，对土壤要求不严，较耐旱，忌土壤过湿。

园林用途：地中海荚蒾冠形优美，花（蕾）期长，花美且量大，发枝力强，耐修剪。可成片栽植于路边或林缘，构成自然变化的曲线，营造流畅优美的林缘线，秋可观蕾，冬末春初可观花。可孤植或群植，用作树球或庭院树。

相近种、变种及品种：桦叶荚蒾、荚蒾、茶荚蒾。

204 大花六道木

Abelia × grandiflora

1. 花枝；2. 花放大；3. 花纵剖面放大

科属：忍冬科　糯米条属。

株高形态：矮生灌木，高 1～3 m。

识别特征：落叶或半常绿灌木。幼枝被倒生硬毛，老枝无毛。叶小，金叶黄，略带绿心，长卵形，边缘具疏浅齿。圆锥状聚伞花序，花小，粉白色，繁茂而芬芳。果实具硬毛，冠以 4 枚宿存而略增大的萼裂片；种子圆柱形，具肉质胚乳。花期 6—11 月，果期 8—9 月。

生态习性：速生树。阳性植物，性喜温暖湿润气候，在中性偏酸、肥沃、疏松土壤中生长迅速。其抗性优良，能耐阴、耐寒、耐干旱、耐修剪，抗短期干旱，耐强盐碱。

园林用途：大花六道木枝条柔顺下垂，每年从初夏至仲秋都是盛花期，开花时节满树白花，玉雕冰琢，晶莹剔透。适宜丛植、片植于空旷地块、水边、建筑物旁或做花篱。由于萌发力强，耐修建，可修成规则球状列植于道路两旁，或做花篱，也可自然栽种于岩石缝中、林中树下，观赏效果极佳。

相近种、变种及品种：金边大花六道木、六道木、糯米条。

205 猬实（蝟实、千层皮、鸡骨头）

Kolkwitzia amabilis

科属：忍冬科　猬实属。

株高形态：大灌木，高达 2～3 m。

识别特征：落叶多分枝直立灌木。幼枝红褐色，被短柔毛及糙毛，老枝光滑，茎皮剥落。单叶对生，叶椭圆形至卵状椭圆形，全缘，少有浅齿状，上面深绿色，两面散生短毛。伞房状聚伞花序，花钟状粉白色。果实密被黄色刺刚毛，顶端伸长如角，冠以宿存的萼齿。花期 5—6 月，果期 8—9 月。

生态习性：喜光，喜半湿润、半干旱气候。耐寒、耐旱、耐瘠薄。宜在湿润肥沃及排水良好的微酸性至微碱性土壤中生长。

园林用途：华北地区城市园林中初夏重要的观花灌木。宜孤植或自由散植；应用于花园外围、园路两旁、道路隔离带、水畔等区域，以条状丛植作自然式花篱，花朵繁密，满树粉白。可与其他花期在早春的花灌木和花期在盛夏的花灌木组合造景。

相近种、变种及品种：猬实属为我国特有单种属。

1. 花枝；2. 花纵剖面放大；
3. 幼果放大

206 郁香忍冬（香忍冬、香吉利子、羊奶子）

Lonicera fragrantissima

科属：忍冬科　忍冬属。

株高形态：大灌木，高达 2 m。

识别特征：半常绿或半落叶灌木。老枝灰褐色。叶厚纸质或带革质，形态变异很大，从倒卵状椭圆形、椭圆形、圆卵形、卵形至卵状矩圆形。花先于叶或与叶同时开放，芳香，生于幼枝基部苞腋，花冠白色或淡红色。果实鲜红色，矩圆形。花期 2 月中旬至 4 月，果熟期 4 月下旬至 5 月。

生态习性：喜光，也耐阴，在湿润、肥沃的土壤中生长良好。耐寒、耐旱、忌涝，萌芽性强。

园林用途：郁香忍冬枝叶茂盛，早春先叶开花，香气浓郁。适宜庭院附近、草坪边缘、园路旁及转角一隅、假山前后及亭际附近栽植。还可利用老桩盆栽配成桩景

相近种、变种及品种：樱桃忍冬、苦糖果。

1. 花枝；2. 果枝；3. 花纵剖面放大

207 忍冬（金银花、金银藤、银藤、二色花藤、二宝藤、子风藤、鸳鸯藤）

Lonicera japonica

1. 花枝；2. 果枝；3. 花

科属：忍冬科　忍冬属。

株高形态：半常绿藤本，高可达1 m以上。

识别特征：叶纸质，卵形，顶端尖或渐尖，基部圆或近心形。总花梗通常单生于小枝上部叶腋；苞片大，叶状，卵形至椭圆形；花冠白色，有时基部向阳面呈微红，后变黄色，唇形，上唇裂片顶端钝形，下唇带状而反曲；雄蕊和花柱均高出花冠。果实圆形，熟时蓝黑色，有光泽。花期4—6月，果熟期10—11月。

生态习性：喜阳，温暖湿润的环境、耐阴、耐寒性强，也耐干旱和水湿，对土壤要求不严，根系发达，萌蘖性强。

园林用途：忍冬由于匍匐生长能力比攀援生长能力强，故更适合于在林下、林缘、建筑物北侧等处做地被栽培；可以做绿化矮墙；可以利用其缠绕能力制作花廊、花架、花栏、花柱以及攀爬假山石等。是观赏和药用兼用型植物，生产和旅游结合的优良树种。

相近种、变种及品种：红白忍冬、淡红忍冬、西南忍冬。

208 亮叶忍冬（云南蕊帽忍冬、铁楂子）

Lonicera ligustrina var. *yunnanensis*

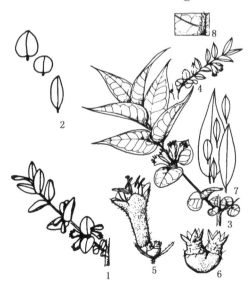

1. 花枝；2 不同的叶形；3、4. 不同叶形的花枝；
5. 花放大；6. 萼檐下延成帽边状，放大；
7. 不同的叶形；8. 叶下面放大示毛

科属：忍冬科　忍冬属。

株高形态：大灌木，高达2～5 m。树形匍匐。

识别特征：常绿或半常绿灌木。枝叶十分密集，小枝细长，横展生长。叶对生，革质，近圆形、卵形至矩圆形，较小，顶端圆或钝，上面光亮，下面淡绿色。花腋生，花冠黄白色或紫红色，漏斗状，较小，筒外面密生红褐色短腺毛。果实紫红色，后转黑色，圆形；种子卵圆形或近圆形，淡褐色，光滑。花期4—6月，果熟期9—10月。

生态习性：耐寒力强，耐−20℃低温，也耐高温。对光照不敏感，在全光照下生长良好，也能耐阴。对土壤要求不严，适于生长在温带和亚热带地区。

园林用途：亮叶忍冬作为独赏、庭荫树种，原产中国西南部，匍枝亮叶忍冬系园艺品种。可群植作为耐阴地被植物；可列植点缀园林花境；可孤植以盆栽观赏。

相近种、变种及品种：女贞叶忍冬、蕊被忍冬、蕊帽忍冬。

金银忍冬（王八骨头、金银木）
Lonicera maackii

科属：忍冬科　忍冬属。

株高形态：灌木或小乔木，高达 6 m，茎干直径达 10 cm。树冠伞形。

识别特征：落叶植物。小枝髓黑褐色，后变中空。叶纸质，形状变化较大，顶端渐尖或长渐尖，基部宽楔形至圆形。花芳香，生于幼枝叶腋，总花梗短于叶柄。花冠先白色后变黄色，外被短伏毛或无毛，唇形，筒长约为唇瓣的 1/2，内被柔毛。果实暗红色，圆形；种子具蜂窝状微小浅凹点。花期 5—6 月，果熟期 8—10 月。

生态习性：性喜强光，稍耐旱，但在微潮偏干的环境中生长良好。喜温暖，较耐寒，在中国北方地区可露地越冬。

园林用途：金银忍冬作为独赏花木种类，花果并美，春天可赏花闻香，秋天可观红果累累，具有较高的观赏价值。花朵清雅芳香，是优良的蜜源和鸟嗜植物。常丛植于草坪、山坡、林缘、路边或点缀于建筑周围。

相近种、变种及品种：红花金银忍冬。

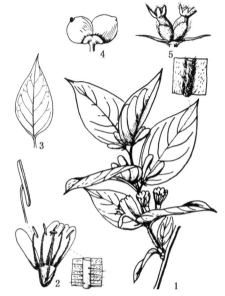

1. 花枝；2. 花冠纵剖面放大；3. 叶；
4. 果实放大；5. 苞片、小苞片、萼筒放大

210 **毛核木**（雪果、雪莓）
Symphoricarpos sinensis

科属：忍冬科　毛核木属。

株高形态：灌木，高 1～2.5 m。枝条拱形密集较柔软。

识别特征：落叶直立灌木，幼枝红褐色，纤细，被短柔毛，老枝树皮细条状剥落。叶菱状卵形至卵形，顶端尖或钝，基部楔形，全缘，上面绿色，下面灰白色，近基部三出脉。花小，无梗，单生于腋内，组成一短小的顶生穗状花序；花冠白色，钟形，裂片卵形，稍短于筒，内外两面均无毛。果实卵圆形，顶端有 1 小喙，蓝黑色，具白霜；分核 2 枚，密生长柔毛。花期 7—9 月，果熟期 9—11 月。

生态习性：适应性强，耐寒、耐热、耐湿、耐瘠薄，病虫害极少，萌枝力强，枝条下垂至地面后，在节间部即可生根生长。

园林用途：毛核木作为优良的观果植物，深秋后红果成串，且一直挂果至翌年早春，整个挂果期长达 4 个月，适宜在庭院、公园、住宅小区、高架路桥绿化栽植，亦可作为盆栽植物观赏。

相近种、变种及品种：白毛核木、圆果毛核木。

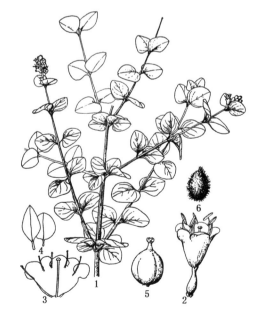

1. 花枝；2. 花放大；3. 花纵剖面放大；
4. 二种叶形；5. 果实；6. 果核放大

211 海仙花（朝鲜锦带、花关门）
Weigela coraeensis

1. 花枝；2. 花放大；3. 果实放大；
4. 果横剖面放大；5. 种子放大

科属：忍冬科　锦带花属。

株高形态：灌木,高达1～3 m,树形较圆筒状。

识别特征：落叶灌木。幼枝稍呈四方形。叶对生,边缘有锯齿。花单生或由2～6花组成聚伞花序,生于侧生短枝上部叶腋或枝顶；萼筒长圆柱形；花冠白色、粉红色至深红色,钟状漏斗形,5裂。蒴果圆柱形,革质或木质；种子小而多,无翅或有狭翅。花期5—7月,果期9—10月。

生态习性：喜光也耐阴,耐寒,适应性强,对土壤要求不严,能耐瘠薄,在深厚湿润、富含腐殖质的土壤中生长最好,要求排水性能良好,忌水涝。生长迅速强健,萌芽力强。北京地区可露地越冬。

园林用途：海仙花枝长花密,灿若锦带,花期可达数月,是很好的庭院观花树种。适于庭院角隅和水畔群植；可于树丛、林缘丛植或作为花篱。

相近种、变种及品种：锦带花、日本锦带花、半边月。

212 锦带花（锦带、海仙）
Weigela florida

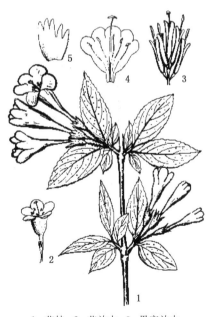

1. 花枝；2. 花放大；3. 果实放大；
4. 花纵剖面放大；5. 萼的纵剖面

科属：忍冬科　锦带花属。

株高形态：灌木,高达1～3 m。树形较圆筒状。

识别特征：落叶灌木。幼枝稍四方形,有2列短柔毛；树皮灰色。叶矩圆形、椭圆形至倒卵状椭圆形,顶端渐尖,基部阔楔形至圆形,边缘有锯齿。花单生或成聚伞花序生于侧生短枝的叶腋或枝顶；萼檐裂至中部,萼齿披针形；花冠紫红色或玫瑰红色。果实顶有短柄状喙,疏生柔毛；种子无翅。花期4—6月。

生态习性：喜光,耐阴,耐寒；对土壤要求不严,能耐瘠薄土壤,但以深厚、湿润而腐殖质丰富的土壤生长最好,怕水涝。萌芽力强,生长迅速。

园林用途：锦带花枝叶茂密,花色艳丽,花期长,是华北地区优良的早春花灌木。适宜庭院墙隅、湖畔群植；可丛植在树丛、林缘作篱笆；可配置点缀于假山、坡地；花枝可供瓶插。

相近种、变种及品种：日本锦带花、半边月、海仙花。

213 海桐（海桐花、山矾）

Pittosporum tobira

科属： 海桐科　海桐属。

株高形态： 灌木或小乔木，高达 6 m。树冠球形。

识别特征： 常绿植物。叶聚生于枝顶，革质，倒卵形，先端圆，上面深绿色，发亮，全缘。伞形花序顶生；花瓣倒披针形，离生。蒴果圆球形，有棱或呈三角形，果片木质，有光泽；种子多数，多角形，红色，种柄有粘液。花期 3—5 月，果熟期 9—10 月。

生态习性： 对气候适应性较强，能耐寒冷，亦颇耐暑热。对光照的适应能力较强，但以半阴地生长最佳。对土壤的适应性强，能抗风防潮。对 SO_2、HF、Cl_2 等有毒气体抗性强。

园林用途： 海桐树形端正，枝叶繁茂，四季常绿，初夏花朵清丽芳香，入秋果实开裂露出红色种子。通常可作绿篱栽植；可孤植、丛植于草丛边缘、林缘或门旁，列植在路边。因为有抗海潮及有毒气体能力，故又为海岸防潮林、防风林及矿区绿化的重要树种，并宜作城市隔噪声和防火林带的地被。经引种栽培，目前基本上在山东济南可露地越冬。

相近种、变种及品种： 皱叶海桐、尖萼海桐。

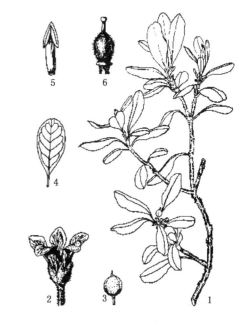

1. 果枝；2. 花放大；3. 幼果；
4. 叶；5. 雄蕊；6. 雌蕊

214 熊掌木（五角金盘）

Fatshedera lizei

科属： 五加科　熊掌木属。

株高形态： 灌木，高可达 1 m 以上。

识别特征： 常绿蔓性灌木。初生时茎呈草质，后渐转木质化。单叶互生，掌状五裂，叶端渐尖，叶基心形，全缘，波状有扭曲，新叶密被毛茸，老叶浓绿而光滑。叶柄基呈鞘状与茎枝连接。成年植株在秋天开淡绿色小花。

生态习性： 慢生树。喜半阴环境，阳光直射时叶片会黄化，耐阴性好，在光照极差的场所也能良好生长。喜温暖和冷凉环境，有一定的耐寒力，忌高温。喜较高的空气湿度。

园林用途： 熊掌木株形优美，叶色浓绿，四季常绿，花小丛生，具极强的耐阴能力，适于中、小盆栽植，在室内长时间观赏；适宜在林下群植；可作为砧木嫁接常春藤，使常春藤的盆栽造型产生较大的变化。

相近种、变种及品种： 萧山熊掌木。

1. 枝条；2. 花序；3. 花

215 八角金盘(八金盘、八手)
Fatsia japonica

1. 花枝；2. 果实；3. 花；4. 花序

科属：五加科　八角金盘属。

株高形态：灌木或小乔木,高可达 5 m。

识别特征：常绿灌木。茎光滑无刺。叶片大,革质,近圆形,掌状 7～9 深裂,裂片长椭圆状卵形,先端短渐尖,基部心形,边缘有疏离粗锯齿,上表面暗亮绿,下面色较浅,有粒状突起,边缘有时呈金黄色。圆锥花序顶生；伞形花序,花萼近全缘。花瓣、雄蕊各 5。果近球形,熟时黑色。花期 10—11 月,果熟期翌年 4 月。

生态习性：喜湿暖湿润气候,耐阴,不耐干旱,有一定耐寒力。宜种植有排水良好和湿润的砂质壤土中。

园林用途：八角金盘四季常绿,叶片硕大,叶形优美,浓绿光亮,是优良的观叶植物。适应室内弱光环境,或作室内花坛的衬底；适宜配置于庭院、门旁、窗边、墙隅及建筑物背阴处,城市高架桥下,也可点缀在溪流湖水之旁；可成片群植于草坪边缘及林地；可小盆栽供室内观赏。叶片是插花的良好配材。

相近种、变种及品种：多室八角金盘。

216 常春藤(爬树藤、三角枫、牛一枫、山葡萄、三角藤、狗姆蛇、爬崖藤)
Hedera sinensis

1. 花枝；2. 不育枝；3—6. 不育枝的叶；
7. 星状鳞片；8. 花；9. 果实；10. 子房横切面

科属：五加科　常春藤属。

株高形态：常绿攀援藤本,茎长 3～20 m。

识别特征：茎灰棕色或黑棕色,有气生根。叶片革质,在不育枝上通常为三角状卵形或三角状长圆形,稀三角形或箭形,先端短渐尖,基部截形。伞形花序单个顶生,或 2～7 个总状排列或伞房状排列成圆锥花序,有花 5～40 朵,伞形花序组成圆锥花序。花瓣 5,三角状卵形,淡黄白色或淡绿白以,外面有鳞片。果实圆球形,红色或黄色,宿存花柱。花期 9—11 月,果期次年 3—5 月。

生态习性：喜光,在温暖湿润的气候条件下生长良好,不耐寒。对土壤要求不严,喜湿润、疏松、肥沃的土壤,不耐盐碱。

园林用途：常春藤枝叶稠密,四季常绿,耐修剪。在庭院中可用以攀缘假山、岩石；可在建筑阴面作垂直绿化材料；可作盆栽供室内绿化观赏用。

相近种、变种及品种：洋常春藤、尼泊尔常春藤。

草本植物

1 南国田字草

Marsilea minuta

科属：苹科 苹属。

株高形态：多年生草本,高 5～20 cm。

识别特征：根状茎纤细,横走,具分枝,向下生出纤细须根。叶片由 4 个羽片组成,呈十字形,外缘为圆形,全缘,基部楔形;羽片为倒三角形;叶脉从羽片基部向上呈放射状分叉。胞子果卵形,棕色,常 1 或 2 个簇生于叶柄基部。

生态习性：生产于湿热地区,我国长江以南分布广泛,野生多见于水稻田、池塘、水沟等处。

园林用途：小型水生植物,用于水岸、湿地等水质景观。

相近种、变种及品种：苹。

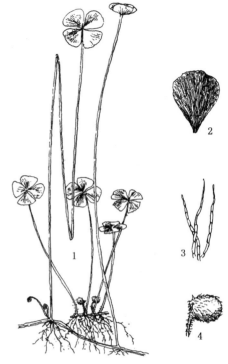

1. 植株全部；2. 叶片(放大)；
3. 根状茎上的毛(放大)；4. 孢子果(放大)

2 赤胫散(散血草)

Polygonum runcinatum var. sinense

科属：蓼科 蓼属。

株高形态：宿根草本,高 30～50 cm。

识别特征：根状茎细长,有纵沟。叶片三角状卵形。头状花序,苞片卵形。瘦果球状三棱形,褐色,表面有点状突起,包在宿存的花萼内。

生态习性：喜阴湿,耐寒。以疏松、肥沃、排水良好的土壤较好。

园林用途：适宜布置花境、路边或栽植于疏林下。

相近种、变种及品种：伞房花赤胫散、华赤胫散。

1. 花枝；2. 叶片

3 碱蓬（碱蒿子、盐蒿子、老虎尾、和尚头、猪尾巴、盐蒿）

Suaeda glauca

科属：藜科 碱蓬属。

株高形态：一年生草本，高可达 100 cm。

识别特征：茎直立，多分枝，叶肉质，线形，甚密。花小，单生或 2～5 朵簇生于中腋，杯状或球形。果实五角星状，种子横生或斜生。

生态习性：喜高湿，耐盐碱，耐贫瘠，少病虫害。

园林用途：碱蓬是湿地、草原退化后的次生植被，是优质的防止水土流失、抑制盐碱化扩大的植物。

相近种、变种及品种：盐蓬、盐地碱蓬。

1. 枝；2. 果实

4 鸡冠花（鸡髻花、老来红、芦花鸡冠、小头鸡冠、凤尾鸡冠）

Celosia cristata

科属：苋科 青葙属。

株高形态：一年生草本，高 60～90 cm。

识别特征：茎直立，粗壮。叶卵形，全缘。花序顶生，扁平鸡冠状，中部以下多花。胞果卵形，盖裂，包裹在宿存花被内。

生态习性：喜充足阳光，喜湿热，不耐霜冻，不耐瘠薄，喜疏松肥沃和排水良好的土壤。

园林用途：鸡冠花花穗丰满，形式火炬，鲜艳明快，有较高的观赏价值，是重要的花坛花卉用材。高型品种用于花境、花坛。是很好的切花材料，也可制干花，经久不凋。矮型品种盆栽或做边缘种植。

相近种、变种及品种：扫帚鸡冠、面鸡冠、鸳鸯鸡冠、缨络鸡冠。

1. 枝；2. 花；3. 花去花瓣，示花萼与雌蕊；4. 雌蕊；5. 果，示种子

5 千日红（百日红、火球花）

Gomphrena globosa

科属：苋科 千日红属。

株高形态：一年生花卉，高 20～60 cm。

识别特征：茎粗壮，有分支，有灰色粗毛，节部稍膨大。叶片纸质，长椭圆或矩圆状倒卵形。花多数，密生，成顶生球形或矩圆形头状花序。胞果近球形，种子肾形，棕色，光亮。

生态习性：喜充足阳光，喜湿热，不耐霜冻，不耐瘠薄，喜疏松肥沃和排水良好的土壤。

园林用途：千日红具有很高的观赏价值，是很好的城市美化、庭园和室内装饰的观赏植物。植株低矮，花繁色浓，是优良的花坛材料，也适宜于花境、岩石园、盆景等应用。

相近种、变种及品种：银花苋。

1. 花枝；2. 花；3. 果实

6 紫茉莉（胭脂花、夜饭花、丁香叶、苦丁香、野丁香、地雷花、夜来香）

Mirabilis jalapa

科属：紫茉莉科 紫茉莉属。

株高形态：一年生草本，高可达 20～80 cm。

识别特征：茎直立，多分枝。叶纸质，卵形或卵状三角形，基部截形或心形，全缘，两面均无毛，脉隆起。花呈漏斗状，顶端五裂，单生于枝顶端；花被紫红色、黄色、白色或杂色，高脚碟状；花午后开放，有香气，次日午前凋萎。瘦果球形，革质，黑色，表面具皱纹。花期6—10月，果期8—11月。

生态习性：性喜温，喜湿润的气候条件，不耐寒，要求土层深厚、疏松肥沃的壤土，蔽荫处生长更佳，喜通风良好环境。

园林用途：紫茉莉宜庭园种植或盆栽观赏。可作盆景、绿篱及修剪造型。

相近种、变种及品种：中华山紫茉莉。

1. 茎、叶和花枝；2. 球形花药；
3. 开裂后花药

115

7 大花马齿苋（半支莲、松叶牡丹、龙须牡丹、洋马齿苋、太阳花、午时花）
Portulaca grandiflora

1. 花枝；2. 果实

科属：马齿苋科 马齿苋属。

株高形态：一年生草本，高 10～30 cm。

识别特征：茎细而圆，平卧或斜升，紫红色，多分枝，节上丛生毛。叶密集枝端，不规则互生，叶片细圆柱形，顶端圆钝，无毛；叶柄极短或近无柄。花单生或数朵簇生枝端，日开夜闭；花瓣5或重瓣，倒卵形，红色、紫色或黄白色。蒴果近椭圆形，盖裂。种子细小，多数，圆肾形，铅灰色、灰褐色或灰黑色，有珍珠光泽，表面有小瘤状凸起。花期6—9月，果期8—11月。

生态习性：喜欢温暖、阳光充足的环境，阴暗潮湿处生长不良。极耐瘠薄，一般土壤都能适应，喜排水良好的砂质土壤。

园林用途：植物矮小，茎、叶肉质光洁，花色丰艳，花期长久，宜布置花坛外围。大花马齿苋是我国各地园林绿化常用植物。

相近种、变种及品种：小琉球马齿苋、马齿苋、毛马齿苋、四瓣马齿苋。

8 石竹（洛阳花、沼竹、石竹子花）
Dianthus chinensis

1. 植株；2. 花枝；3. 花瓣；4. 雄蕊；
5. 雌蕊、雄蕊和子房；6. 种子

科属：石竹科 石竹属。

株高形态：宿根花卉，高约 30 cm。

识别特征：茎簇生，直立，无毛。叶条形或宽披针形，有时为舌形。花顶生于分叉的枝端，单生或对生，有时呈圆锥状聚伞花序。蒴果圆筒形，包于宿存萼内；种子黑色，扁圆形。

生态习性：性耐寒、耐干旱，不耐酷暑，夏季多生长不良或枯萎。喜阳光充足、干燥，通风及凉爽湿润气候。要求肥沃、疏松、排水良好及含石灰质的壤土或沙质壤土，忌水涝，好肥。

园林用途：石竹可用于花坛、花境、花台或盆栽，也可用于岩石园和草坪边缘点缀。大面积成片栽植时可作地被材料。能吸收 SO_2 和 Cl_2 有毒气体等，可种植于工厂、道路等处以净化和美化环境。

相近种、变种及品种：兴安石竹、钻叶石竹、高山石竹、辽东石竹、须苞石竹、林生石竹、三脉石竹。

9 睡莲（子午莲、茈碧莲）

Nymphaea tetragona

科属：睡莲科 睡莲属。

株高形态：多年生水生草本，叶贴水面。

识别特征：根茎平生或直立。叶纸质，心形卵形或卵状椭圆形，基部具弯缺，心形或箭形，常无出水叶；沉水叶薄膜质，脆弱。花大形，美丽，浮在或高出水面。

生态习性：睡莲喜阳光，通风良好，对土质要求不严，pH 值 6～8，均可正常生长，最适水深 25～30 cm，最深不得超过 80 cm。喜富含有机质的壤土。泛分布在温带及热带，生在池沼中。

园林用途：在古希腊、古罗马，被视为圣洁、美丽、纯真的化身，常被作供奉女神的祭品。在现代园林中，为水体栽培的主要植物，可设为专类园；可将睡莲盆栽与水石盆景结合，既体现山石的刚毅挺拔，又显示花的娇艳妩媚与莲、王莲并称为"水生三杰"。

相近种、变种及品种：白睡莲、雪白睡莲、黄睡莲。

1. 花；2. 叶

10 莲（莲花、芙蕖、芙蓉、菡萏、荷花）

Nelumbo nucifera

科属：睡莲科 莲属。

株高形态：多年生水生草本，高出水面 1～2 m。

识别特征：叶圆形，盾状，直径 25～90 cm，全缘稍呈波状，上面光滑，具白粉；叶柄粗壮，圆柱形，长 1～2 m，中空，外面散生小刺。花美丽，芳香；花瓣红色、粉红色或白色。种子（莲子）卵形或椭圆形，种皮红色或白色。花期 6—8 月，果期 8—10 月。

生态习性：性喜相对稳定的平静浅水、湖沼、泽地、池塘；水深不能超过 1.5 米；非常喜光，生育期需要全光照的环境。

园林用途：中国十大名花之一，中国荷花品种资源丰富，根据《中国荷花品种图志》的分类标准共分为 3 系、5 群、23 类及 28 组，是重要的水生观赏植物。武汉东湖、杭州西湖、广州三水都是著名的赏荷专类园。象征清白、高尚而谦虚，"出淤泥而不染，濯清涟而不妖"（周敦颐《爱莲说》），表示坚贞、纯洁、无邪、清正的品质，在政治、宗教、民俗中均具有重要的象征意义。与睡莲、王莲并称"水生三杰"。

相近种、变种及品种：西湖红莲、千瓣莲、案头春、大贺莲。

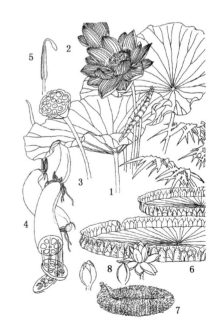

莲：1. 叶；2. 花；3. 果；4. 根茎；5. 雄蕊；
王莲：6. 叶；7. 幼叶；8. 花蕾和花萼片

11 王莲

Victoria amazonica

科属：睡莲科 王莲属。

株高形态：一年生或多年生水生草本，直径可达2 m以上。

识别特征：浮水草本；叶巨大，边缘直立，多刺。根状茎短，粗壮，叶片浮于水面，盾状，圆形，背面具刺，上表面无刺，边缘向上折成边围；幼叶线形、箭形、卵形或圆形。花大，露出水上。萼片4，具刺或无刺；花瓣多数，比萼片大得多，红色，玫红色或白色，渐变为假雄蕊和雄蕊；柱头盘倒圆锥状；种子有肉质假种皮。

生态习性：生于河流中的缓流和回水地带。须要在高温、高湿、阳光充足的环境下生长发育。

园林用途：王莲是热带著名水生庭园观赏植物，具有世界上水生植物中最大的叶片。与睡莲、莲并称为"水生三杰"。

相近种、变种及品种：克鲁兹王莲。

12 芍药（野芍药、土白芍、芍药花）

Paeonia lactiflora

1. 植株；2. 小叶边缘部分放大；3. 雄蕊；4. 蓇葖果

科属：毛茛科 芍药属。

株高形态：宿根花卉，高 60～80 cm。

识别特征：块根肉质，粗壮。茎下部叶为二回三出复叶。花顶生并腋生；花瓣白色或粉红色，倒卵形。果实呈纺锤形，种子呈圆形、长圆形或尖圆形。

生态习性：喜光照充足，长日照植物，也稍耐阴。要求深厚、疏松肥沃、排水良好的中性或微碱性砂质壤土。

园林用途：芍药花大艳丽，品种丰富，在园林中常成片种植，花开时十分壮观。耐粗放管理，是重要的宿根花卉。芍药专类园常与牡丹园相结合，也宜用于花坛、花境、花台等。古人评花："牡丹第一，芍药第二"，谓牡丹为花王，芍药为花相。因为它开花较迟，故又称为"殿春"。

相近种、变种及品种：草芍药、美丽芍药、芍药、多花芍药、白花芍药、川赤芍、新疆芍药、窄叶芍药。

13 大花耧斗菜

Aquilegia glandulosa

科属：毛茛科 耧斗菜属。

株高形态：宿根花卉，高 20～40 cm。

识别特征：茎不分枝或在上部分枝，基生叶少数，通常为二回三出，偶一回三出复叶；叶片轮廓三角形，宵夜彼此邻接，圆倒卵形至扇形，浅裂。花大而美丽，萼片蓝色，开展，卵形至长椭圆状卵形，花瓣瓣片蓝色或白色，近直立，圆状卵形。

生态习性：喜凉爽，忌夏季高温曝晒，性强健而耐寒，喜富含腐殖质、湿润而排水良好的沙质壤土。

园林用途：花姿优美，花色明快，适应性强，适宜成片植于草坪上、密林下。也宜洼地、溪边等潮湿处作地被覆盖。自然式栽植、花境、花坛、岩石园。优良庭园花卉，叶奇花美，适于布置花坛、花径等，花枝可供切花。

相近种、变种及品种：无距耧斗菜、细距耧斗菜。

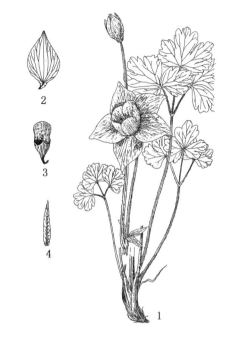

1. 植株；2. 萼片；
3. 花瓣；4. 退化雄蕊

14 铁线莲

Clematis florida

科属：毛茛科 铁线莲属。

株高形态：草质藤本，长约 1～2 m。

识别特征：茎棕色或紫红色，二回三出复叶，小叶片狭卵形至披针叶，顶端钝尖，基部圆形或阔楔形。花单生于叶腋，苞片宽卵圆形或卵状三角形，萼片白色，倒卵圆形或匙形，雄蕊紫红色，子房狭卵形，瘦果倒卵形。

生态习性：生于低山区的丘陵灌丛中，山谷、路旁及小溪边。喜肥沃、排水良好的碱性壤土，忌积水或夏季干旱而不能保水的土壤。耐寒性强，可耐－20℃低温。

园林用途：铁线莲享有"藤本花卉皇后"之美称。可作展览用切花，可用于攀缘常绿或落叶乔灌木上；可用作地被植物；可作展览用切花。

相近种、变种及品种：短柱铁线莲、重瓣铁线莲。

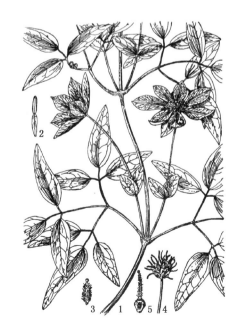

1. 花枝外形；2. 雄蕊；3. 心皮；
4. 果枝；5. 瘦果

119

15 翠雀（鸽子花、百部草）
Delphinium grandiflorum

1. 植株全形；2. 花序一段；3. 退化
雄蕊；4. 蓇葖果；5. 种子

科属：毛茛科 翠雀属。

株高形态：多年生草本，高 35～65 cm。

识别特征：无块根，茎节有 3 个叶隙。等距地生叶，分枝。基生叶和茎下部有长柄，叶片圆五角形，中央全裂片近菱形，一至二回三裂近中脉，边缘干时稍反卷，萼片紫蓝色，椭圆形或宽椭圆形。

生态习性：阳性，耐半阴，性强健，耐干旱，耐寒，忌炎热。喜凉爽通风、日照充足的干燥环境和排水通畅的砂质壤土。

园林用途：因其花色大多为蓝紫色或淡紫色，花型似蓝色飞燕落满枝头，因而又名"飞燕草"，是珍贵的蓝色花卉资源，具有很高的观赏价值。适用于庭院绿化、盆栽观赏和切花生产。

相近种、变种及品种：展茅花序翠雀花、光果翠雀。

16 铁筷子（黑毛七、九百棒、九龙丹、黑儿波、见春花、九朵云）
Helleborus thibetanus

1. 结果的植株；2. 花；3. 花瓣；
4. 雄蕊；5. 种子

科属：毛茛科 铁筷子属。

株高形态：多年生草本，高 30～50 cm。

识别特征：根状茎，密生肉质长须根，茎无毛，上部分枝，基部有 2～3 个鞘状叶。基生叶 1～2 个，无毛，有长柄；叶片肾形或五角形，鸡足状三全裂，中全裂片倒披针形，边缘在下部之上有密锯齿，侧全裂片具短柄，扇形，不等三全裂；叶柄长 20～24 cm。

生态习性：耐寒，喜半阴潮湿环境，忌干冷。多生长于含砾石比较多的砂壤、棕壤土中，土壤肥力中等偏下，在培育肥沃深厚土壤中生长良好，在全光照下能提早开花。其为地下芽植物，过夏后进入休眠期。

园林用途：铁筷子株型低矮、叶色墨绿、花及叶均奇特，可作室内盆栽，为草坪及美丽的地被材料，也可盆栽与配植。

相近种、变种及品种：科西嘉铁筷子、淡紫铁筷子。

17 **荷包牡丹**（荷包花、蒲包花、兔儿牡丹、铃儿草、鱼儿牡丹）

Dicentra spectabilis

科属：罂粟科 荷包牡丹属。

株高形态：多年生草本植物，高 30～60 cm。

识别特征：地上茎直立，圆柱形，带紫红色，根状茎肉质，小裂片通常全缘，表面绿色，背面具白粉，两面叶脉明显；叶柄形似当归。总状花序顶生成拱形，于花序轴的一侧下垂，外花瓣紫红色至粉红色，稀白色，内花瓣白色。花期 4—6 月。

生态习性：性耐寒而不耐高温，喜半阴的生境，炎热夏季休眠。不耐干旱，喜湿润、排水良好的肥沃沙壤土。

园林用途：荷包牡丹叶丛美丽，花朵玲珑，形似荷包，色彩绚丽，是盆栽和切花的好材料，也适宜于布置花境和在树丛、草地边缘湿润处丛植，景观效果极好。

相近种、变种及品种：大花荷包牡丹。

大花荷包牡丹：1. 植株上部；2. 花瓣展开；3. 雄蕊；
荷包牡丹：4. 植株上部

18 **虞美人**（丽春花、赛牡丹、满园春、仙女蒿、舞草）

Papaver rhoeas

科属：罂粟科 罂粟属。

株高形态：一年生或两年生草本，高25～90 cm。

识别特征：茎直立，具分枝，被淡黄色刚毛。叶互生，叶片轮廓披针形或狭卵形，羽状分裂，下部全裂。

生态习性：喜阳光充足的环境，耐寒，怕暑热，喜排水良好、肥沃的沙壤土。不耐移栽，忌连作与积水。能自播。寿命 3—5 年。花期 5—8 月。

园林用途：虞美人花多彩多姿且花期长，适宜用于花坛、花境栽植，也可盆栽或作切花用。在公园中成片栽植，景色非常壮丽。

相近种、变种及品种：红罂粟、鸦片罂粟、冰岛罂粟。

1. 全株；2. 果；3. 种子

19 醉蝶花（西洋白花菜、紫龙须）
Tarenaya hassleriana

1. 花枝；2. 茎、叶；3. 展开后的花；
　　4. 果；5. 花瓣

科属：白花菜科 醉蝶花属。

株高形态：一年生或两年生草本,高 40～60 cm。

识别特征：花茎直立,全株被黏质腺毛,有特殊臭味,有托叶刺,尖利,外弯。叶为具 5～7 小叶的掌状复叶,小叶草质,椭圆状披针形或倒披针形。总状花序,密被黏质腺毛。果圆柱形。

生态习性：性喜高温,较耐暑热,忌寒冷。喜阳光充足地,半遮荫地亦能生长良好。对土壤要求不苛刻,喜湿润肥沃的土壤,沙壤土或带黏重的土壤或碱性土生长不良。较能耐干旱,忌积水。

园林用途：醉蝶花花瓣轻盈飘逸,盛开时似蝴蝶飞舞,颇为有趣,可在夏秋季节布置花坛、花境,也可进行矮化栽培,将其作为盆栽观赏。在园林应用中,可根据其能耐半阴的特性,种在林下或建筑阴面观赏。醉蝶花对 SO_2、Cl_2 均有良好的抗性,是非常优良的抗污染花卉,可种植在污染较重的工厂与矿山中。

相近种、变种及品种：白花菜、美丽白花菜、黄花草。

20 羽衣甘蓝（叶牡丹、牡丹菜）
Brassica oleracea var. *acephala*

1. 花枝；2. 茎、叶；3. 植株

科属：十字花科 芸薹属。

株高形态：二年生或多年生草本,高 60～150 cm。

识别特征：下部叶大,大头羽状深裂,具有色叶脉,有柄;顶裂片大,顶端圆形,边缘波状,具细圆齿,抱茎,所有叶肉质,无毛,具白粉霜。总状花序,花浅黄色。

生态习性：喜冷凉气候,极耐寒,耐热,性也很强,生长势强,栽培容易,喜光,耐盐碱,喜肥沃土壤。

园林用途：羽衣甘蓝叶形美观多变,心叶色彩丰富艳丽,整个植株形如盛开的牡丹花。因其耐寒性极强、观赏期长、应用形式灵活多样,是我国北方特别是华东地区深秋、冬季或早春美化环境不可多得的园林景观植物。既可单独造景,又可在景区、广场或单位入口等显要位置布置模纹花坛。

相近种、变种及品种：欧洲油菜、甘蓝。

21 诸葛菜（二月兰）

Orychophragmus violaceus

1. 花枝；2. 花；
3. 长角果；

科属： 十字花科 诸葛菜属。

株高形态： 一年或二年生草本，高 10～50 cm。

识别特征： 茎直立，基部或上部稍有分枝。基生叶及下部茎生叶大头羽状分裂，有长柄，茎上部叶基部耳状，抱茎；花大，紫色至玫瑰红色，排成疏松总状花序。花期 4—5 月，果期 5—6 月。

生态习性： 喜肥沃、湿润、阳光充足的环境，在阴湿环境中也表现出良好的性状，用作地被，覆盖效果良好。适应性、耐寒性强，少有病虫害，对土壤要求不严。

园林用途： 诸葛菜冬季绿叶葱翠，春花柔美悦目，早春花开成片，花期长，适用于大面积地面覆盖，或用作不需精细管理绿地的背景植物，为良好的园林背阴处或林下地被植物，也可植于公园、林缘、坡地、道路两侧。

相近种、变种及品种： 湖北诸葛菜、缺刻叶诸葛菜、毛果诸葛菜。

22 紫罗兰（草桂花、四桃克）

Matthiola incana

1. 花枝；2. 果实，示开裂状；
3. 种子；边缘具膜质翅

科属： 十字花科 紫罗兰属。

株高形态： 二年生或多年生草本，高 60 cm。

识别特征： 茎直立，多分枝，基部稍木质化。叶片长圆形至倒披针形或匙形，全缘或呈微波状，顶端钝圆或罕具短尖头，基部渐狭成柄。总状花序顶生和腋生，花多数，较大，花瓣紫红、淡红或白色，近卵形。长角果圆柱形。种子近圆形，扁平，深褐色。花期 4—5 月。

生态习性： 喜冷凉的气候，忌燥热。喜通风良好的环境。对土壤要求不严，但在排水良好、中性偏碱的土壤中生长较好，忌酸性土壤。耐寒不耐阴，怕渍水。

园林用途： 紫罗兰花朵茂盛，花色鲜艳，香气浓郁，花期长，花序也长，为众多莳花者所喜爱，适宜于盆栽观赏，也适宜于布置花坛、台阶、花径。整株花朵可作为花束。

相近种、变种及品种： 新疆紫罗兰。

23 佛甲草（佛指甲、铁指甲、狗牙菜、金荞插）
Sedum lineare

1. 植株；2. 花；3. 花瓣和雄蕊

科属：景天科 景天属。

株高形态：多年生草本,高 10～20 cm。

识别特征：3 叶轮生,少有 4 叶轮生或对生的,叶线形,先端钝尖,基部无柄,有短距。花序聚伞状,顶生,疏生花,中央有一朵有短梗的花,另有 2～3 分枝,分枝常再 2 分枝,着生花无梗;花瓣 5,黄色,披针形,花柱短。种子小。

生态习性：适应性极强,不择土壤,可以生长在较薄的基质上,其耐干旱能力极强,耐寒力亦较强。

园林用途：佛甲草植株细腻,花色美丽,小叶整齐美观,生长快,扩展能力强,而且根系纵横交错,与土壤紧密结合,能防止表土被雨水冲刷,适宜用作护坡草,是优良的地被和屋顶绿化植物。

相近种、变种及品种：金叶佛甲草、黄金佛甲草。

24 落新妇（小升麻、术活、马尾参、山花七、铁火钳、红升麻）
Astilbe chinensis

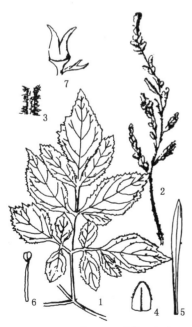

1. 叶；2. 花序；3. 花序轴一部分；
4. 萼片；5. 花；6. 雄蕊；7. 雌蕊

科属：虎耳草科 落新妇属。

株高形态：多年生草本,高 50～100 cm。

识别特征：根状茎暗褐色,粗壮,须根多数。茎无毛。基生叶为二至三回三出羽状复叶;顶生小叶片菱状椭圆形,侧生小叶片卵形至椭圆形,先端短渐尖至急尖,边缘有重锯齿,基部楔形、浅心形至圆形,腹面沿脉生硬毛,背面沿脉疏生硬毛和小腺毛;叶轴仅于叶腋部具褐色柔毛;茎生叶 2～3,较小。

生态习性：性强健,耐寒,喜半阴,在湿润的环境下生长良好。对土壤适应性较强,喜排水良好的腐殖质多的酸性和中性砂质壤土,也耐轻碱土壤。

园林用途：宜种植在疏林下及林缘墙垣半阴处,也可植于溪边和湖畔;可作花坛和花境;矮生类型可布置岩石园。可作切花或盆栽。

相近种、变种及品种：大落新妇、长果落新妇。

25 红花矾根

Heuchera sanguinea

科属：虎耳草科 肾形草属。

株高形态：多年生草本,高 10～50 cm。

识别特征：叶近圆形,缘具圆齿,阔心形,深绿色,在温暖地区冬季常绿。花小钟状,红色,两侧对称,小花着生在总花梗上形成圆锥花序,高出叶丛,雄蕊 5 枚,萼片长于花瓣,小花粉红色,分裂叶黄绿色,具白斑叶近圆形,缘具圆齿。

生态习性：浅根性,自然生长在湿润多石的高山或悬崖旁,性耐寒,喜阳,耐阴,宜肥沃、排水良好的土壤。

园林用途：红花矾根花色鲜艳,株型优美,适用于花坛或花带的边缘,也可用作地被植物植于岩石园以及道路两侧。

相近种、变种及品种："琥珀波浪"矾根、"柠檬果酱"矾根、"银王子"矾根、"红宝石铃"矾根。

1. 植株全形；2. 花枝

26 虎耳草(石荷叶、金线吊芙蓉、丝棉吊梅、耳朵草、通耳草)

Saxifraga stolonifera

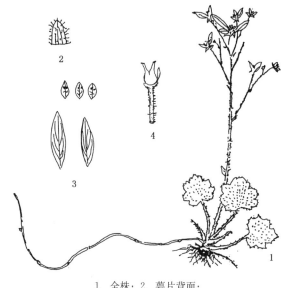

科属：虎耳草科 虎耳草属。

株高形态：多年生草本,高 8～45 cm。

识别特征：鞭匐枝细长,密被卷曲长腺毛,具鳞片状叶。茎被长腺毛,具 1～4 枚苞片状叶。基生叶具长柄,叶片近心形、肾形至扁圆形,先端钝或急尖,基部近截形、圆形至心形,腹面绿色,被腺毛,背面通常红紫色,被腺毛,有斑点,具掌状达缘脉序,叶柄被长腺毛;茎生叶披针形。

园林用途：虎耳草株型矮小,枝叶疏密有致,叶片鲜艳美丽,是观赏价值较高的室内观叶植物。常作为吊盆种植,适于布置室内较明亮的居室、书房、客厅、会议室等处。

相近种、变种及品种：心叶虎耳草、卵心叶虎耳草、白虎耳草。

1. 全株；2. 萼片背面；
3. 花瓣；4. 示花梗、花丝和雄蕊

27 白车轴草（白三叶、荷兰翘摇）

Trifolium repens

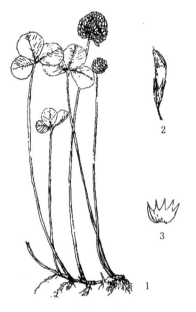

1. 花株；2. 花；
3. 花萼（展开本面观）

科属：豆科 车轴草属。

株高形态：多年生草本,高 10～30 cm。

识别特征：根状茎暗褐色,粗壮,须根多数。茎无毛。基生叶为二至三回三出羽状复叶；顶生小叶片菱状椭圆形,侧生小叶片卵形至椭圆形,先端短渐尖至急尖,边缘有重锯齿,基部楔形、浅心形至圆形；茎生叶 2～3,较小。

生态习性：喜光,长日照植物；不耐荫蔽,干旱和长期积水；对土壤要求不高,尤其喜欢黏土,耐酸性土壤,不耐盐碱,也可在砂质土中生长。

园林用途：白车轴草为优良牧草,含丰富的蛋白质和矿物质,也是良好的地被植物,可作为绿肥、堤岸防护草种、草坪装饰,以及蜜源和药材等用。

相近种、变种及品种：杂种车轴草、大花车轴草。

28 羽扇豆（多叶羽扇豆、鲁冰花）

Lupinus micranthus

1. 花枝；2. 花；3. 花萼；4. 雄蕊群和雌蕊；5. 旗瓣；6. 翼瓣；7. 龙骨瓣；8. 荚果；9. 种子

科属：豆科 羽扇豆属。

株高形态：多年生宿根花卉,高 60～150 cm。

识别特征：茎粗壮,直立,光滑或疏被柔毛。掌状复叶多基生,叶柄很长,但上部叶柄短；小叶表面平滑,叶背具粗毛。顶生总状花序。花色极富变化,多为双色。3—5 月开花,4—7 月结果。

生态习性：较耐寒,喜气候凉爽,阳光充足的地方,忌炎热,略耐阴；需肥沃、排水良好的沙质、微酸性土壤。

园林用途：羽扇豆花期长,具有独特的植株形态和丰富的花序颜色,是园林植物造景中较为难得的配置材料,可用于片植或在带状花坛中群体配植。是切花生产的好材料。

相近种、变种及品种：狭叶羽扇豆、黄羽扇豆、白羽扇豆。

29 酢浆草（酸味草、鸠酸、酸醋酱）

Oxalis corniculata

科属：酢浆草科 酢浆草属。

株高形态：多年生草本，高 10～35 cm。

识别特征：全株被柔毛，根茎稍肥厚。茎细弱，多分枝，直立或匍匐，匍匐茎节上生根。叶基生或茎上互生；托叶小，长圆形或卵形。花单生或数朵集为伞形花序状，腋生，总花梗淡红色，花瓣 5，黄色，长圆状倒卵形，蒴果长圆柱形。花、果期 2—9 月。

生态习性：喜向阳，温暖湿润的环境，抗旱能力较强，不耐寒。对土壤适应性较强，以腐殖质丰富的砂质壤土生长旺盛，夏季有短期的休眠。在阳光下能极其灿烂时开放。

园林用途：酢浆草花期长，花色艳，其地下茎蔓延迅速，能较快地覆盖地面，又栽培容易，管理粗放，可在林缘向阳处或疏林下作地被植物。

相近种、变种及品种：山酢浆草、红花酢酱草。

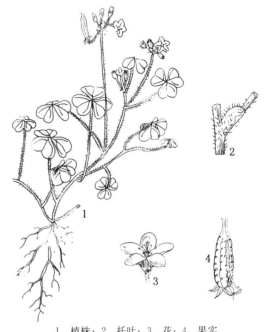

1. 植株；2. 托叶；3. 花；4. 果实

30 凤仙花（指甲花，急性子，凤仙透骨草）

Impatiens balsamina

科属：凤仙花科 凤仙花属。

株高形态：一年生草本，高 40～100 cm。

识别特征：茎肉质，粗壮，直立。上部分枝，有柔毛或近于光滑。叶互生，阔或狭披针形，顶端渐尖，边缘有锐齿，基部楔形；叶柄附近有几对腺体。花单生或 2～3 朵簇生于叶腋，白色、粉红色或紫色，单瓣或重瓣。蒴果宽纺锤形。种子多数，圆球形，黑褐色。花期 7—10 月。

生态习性：性喜阳光，怕湿，耐热不耐寒，适生于疏松肥沃微酸土壤中，但也耐瘠薄。适应性较强。

园林用途：花色美丽且品种多样，是庭园常见的观赏花卉。是美化花坛、花境的常用材料，可丛植、群植和盆栽。可作切花水养。

相近种、变种及品种：秋海棠叶凤仙花、水凤仙花、美丽凤仙花、二色凤仙花。

1. 植株；2. 侧生萼片；3. 旗瓣；4. 翼瓣；
5. 唇瓣；6. 花丝及花药；7. 子房；
8. 开裂的蒴果；9. 种子

31 蜀葵（尔雅、淑气花、一丈红、麻杆花、棋盘花、栽秧花、斗蓬花）
Althaea rosea

蜀葵：1. 花枝；2. 分果爿；3. 小苞片的毛被
赛葵：4. 花枝；5. 花；6. 分果爿

科属：锦葵科　蜀葵属。

株高形态：二年生草本，高 200 cm。

识别特征：茎枝密被刺毛。叶近圆心形，掌状5～7浅裂或波状棱角，裂片三角形或圆形，上被星状柔毛。花腋生，单生或近簇生，排列成总状花序式，具叶状苞片，花大，有红、紫、白、粉红、黄和黑紫等色，单瓣或重瓣，花瓣倒卵状三角形。果盘状，被短柔毛，分果爿近圆形。花期2—8月。

生态习性：喜阳光充足，耐半阴，忌涝。耐盐碱能力强，耐寒冷。喜疏松肥沃，排水良好，富含有机质的沙质土壤。

园林用途：蜀葵颜色鲜艳，园艺品种多样。宜于种植在建筑物旁、假山旁或点缀花坛、草坪，成列或成丛种植。矮生品种可作盆花栽培，陈列于门前，不宜久置室内。也可剪取作切花，供瓶插或作花篮、花束等用。

相近种、变种及品种：赛葵、有"千叶"、"五心"、"重台"等品种。

32 高砂芙蓉（巴氏槿、粉葵、叶孔雀葵、戟叶粉葵、矛叶锦葵）
Pavonia hastata

1. 花枝

科属：锦葵科　粉葵属。

株高形态：落叶小灌木，高 30～50 cm。

识别特征：叶长圆状披针形至卵形，基部戟形，叶缘有锯齿，花瓣5，薄纸质，花色洁白，带淡粉红色，基部暗红色。花期8—9月。

生态习性：喜阳，略耐阴，宜温暖湿润气候，忌干旱，耐水湿，在水边的肥沃砂质壤土中生长繁茂。

园林用途：花色鲜艳美丽，是优良的观赏植物。植株耐高温湿热的能力强，管理简单。园林绿化中可地栽布置花坛，花境，也可绿地中丛植、群植。

近种、变种及品种：芙蓉葵。

33 三色堇(三色堇菜、蝴蝶花)

Viola tricolor

科属：堇菜科 堇菜属。

株高形态：一、二年生或多年生草本，高10~40 cm。

识别特征：基生叶长卵形或披针形，具长柄；茎生叶卵形、长圆形或披针形，边缘具稀疏的圆齿或钝锯齿；托叶大型，叶状，羽状深裂。花大，有3~10朵，通常每花有紫、白、黄三色；萼片绿色。蒴果椭圆形。花期4—7月，果期5—8月。

生态习性：较耐寒，喜凉爽，喜阳光。忌高温和积水，耐寒抗霜。喜肥沃、排水良好、富含有机质的中性壤土或黏壤土。

园林用途：三色堇品种繁多，色彩鲜艳，花期长，是园林中常用的花卉。用于庭院的花坛，可作毛毡花坛、花丛花坛。还适宜布置花境、草坪边缘，与其他花卉配合栽种。

相近种、变种及品种："壮丽大花"、"奥勒冈大花"、"瑞士大花"、"三马杜"、"海玛"等品种。

1. 全株；2. 带距雄蕊；3. 雌蕊

34 萼距花(细叶萼距花)

Cuphea hookeriana

科属：千屈菜科 萼距花属。

株高形态：灌木或亚灌木状，高30~70 cm。

识别特征：多分枝，茎具黏质柔毛或硬毛。叶线形、线状披针形或倒线状披针形。叶对生，长卵形或椭圆形，顶端渐尖。花顶生或腋生；花瓣6，花冠筒紫色、淡紫色至白色，雌蕊稍突出萼外。

生态习性：喜光，也能耐半阴，在全日照、半日照条件下均能正常生长。喜高温，不耐寒。生长快，萌芽力强，耐修剪。耐贫瘠土壤，喜排水良好的沙质土壤。

园林用途：萼距花颜色艳美、花姿雅致、花期长、耐半阴，且植株低矮，分枝多，覆盖能力强，是园林中常用的花卉材料，用作绿篱、地被、花境及盆栽等。

相近种、变种及品种：细叶萼距花、香膏萼距花、披针叶萼距花、小瓣萼距花、粘毛萼距花、火红萼距花、平卧萼距花。

萼距花：1. 花枝；2. 基部叶；
平卧萼距花：3. 花枝

35 千屈菜（水枝柳、水柳、对叶莲）
Lythrum salicaria

1. 花枝；2. 根；3. 茎基部一部分示轮生叶；
4. 花；5. 花萼和花瓣

科属：千屈菜科　千屈菜属。

株高形态：多年生草本,高 30～100 cm。

识别特征：茎直立,多分枝,略被粗毛或密被绒毛,枝通常具 4 棱。叶对生或三叶轮生,披针形或阔披针形。花组成小聚伞花序,簇生,花梗及总梗极短;花瓣6,红紫色或淡紫色蒴果扁圆形。

生态习性：喜强光,耐寒性强,喜水湿,对土壤要求不严,在深厚、富含腐殖质的土壤上生长更好。生于河岸、湖畔、溪沟边和潮湿草地。

园林用途：株丛整齐,耸立而清秀,花朵繁茂,花序长,花期长,养护容易,是水景中优良的竖线条材料。最宜在浅水岸边丛植或池中栽植,也可作花境材料及切花。

相近种、变种及品种：光千屈菜、中型千屈菜、帚枝千屈菜。

36 欧菱（四角矮菱）
Trapa natans

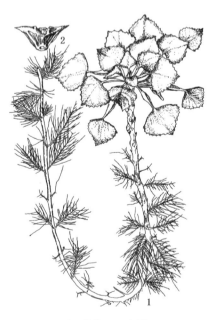

1. 植株；2. 坚果

科属：千屈菜科　菱属。

株高形态：一年生浮水水生草本植物。

识别特征：根二型,着泥根细铁丝状,生水底泥中;叶二型,浮水叶互生,聚生于主茎和分枝茎顶端,形成莲座状菱盘,叶片三角形状菱圆形,表面深亮绿色,背面绿色带紫,疏生淡棕色短毛,尤其主侧脉明显,脉间有棕色斑块,叶边缘中上部具齿状缺刻或细锯齿,边缘中下部阔楔形,全缘,叶柄中上部膨大成海绵质气囊或不膨大,疏被淡褐色短毛。花小,单生于叶腋,花梗有毛;果三角状菱形,具 4 刺角。

生态习性：喜温暖湿润、阳光充足,不耐霜冻。

园林用途：浮叶型水生植物。可用于园林深水水体的绿化、美化。

相近种、变种及品种：无角菱、弓角菱、乌菱、四角刻叶菱、野菱、冠菱。

37 山桃草（白桃花，白蝶花）
Gaura lindheimeri

科属：柳叶菜科 山桃草属。

株高形态：多年生草本，高 60～100 cm。

识别特征：植株常丛生，茎直立，常多分枝，被长柔毛与曲柔毛。叶无柄，椭圆状披针形或倒披针形，向上渐变小，先端锐尖，基部楔形，边缘具远离的齿突或波状齿，两面被近贴生的长柔毛。花序长穗状，生茎枝顶部。花管内面上半部有毛；萼片被伸展的长柔毛，花开放时反折；花瓣白色，后变粉红，排向一侧，倒卵形或椭圆形；花药带红色；花柱近基部有毛；柱头深 4 裂，伸出花药之上。蒴果坚果状，狭纺锤形，具明显的棱。

生态习性：耐半阴，土壤要求肥沃、湿润、排水良好，耐干旱。

园林用途：山桃草花形似桃花，极具观赏性，常植于庭院、墙际、草坪、山坡、岸边，与柳树搭配。

相近种、变种及品种：阔果山桃草、小花山桃草。

1. 花枝；2. 花；3. 花蕾；4. 蒴果

38 美丽月见草（粉花月见草）
Oenothera speciosa

科属：柳叶菜科 月见草属。

株高形态：多年生草本，高 30～50 cm。

识别特征：茎常丛生，多分枝，被曲柔毛。基生叶紧贴地面，倒披针形；茎生叶灰绿色，披针形或长圆状卵形。花单生于茎、枝顶部叶腋；花瓣粉红至紫红色，宽倒卵形，先端钝圆；花丝白色至淡紫红色；花药粉红色至黄色，长圆状线形；柱头红色，围以花药。

生态习性：适应性强，耐酸耐旱，对土壤要求不严，一般在排水良好、疏松的土壤上均能生长。

园林用途：美丽月见草花朵如杯盏状，甚为美丽，株型粗放，茎常丛生，最宜丛生状种植，用作花境或绿篱，营造出别样的自然园林风情。

相近种、变种及品种：月见草、黄花月见草、裂叶月见草。

1. 植株；2. 花；3. 花瓣；
4. 雄蕊；5. 雌蕊；6. 蒴果

39 过路黄（金钱草、真金草、走游草、铺地莲）

Lysimachia christiniae

过路黄：1. 植株；2. 花冠展开示雄蕊
浙江过路黄：3. 植株；4. 花萼；5. 花冠部分；
6. 雄蕊；7. 雌蕊

科属：报春花科 珍珠菜属。

株高形态：多年生草本，高 20～60 cm。

识别特征：茎柔弱，平卧匍匐生，节上常生根。叶对生，心形或宽卵形，顶端锐尖或圆钝，全缘，两面有黑色腺条；花成对腋生；花梗长达叶端；花萼裂片披针形，外面有黑色腺条；花冠黄色，约长于花萼一倍，裂片舌形；雄蕊 5 枚，不等长，花丝基部合生成筒。蒴果球形。花期 5—7 月，果期 7—10 月。

生态习性：过路黄喜温暖、阴凉、湿润环境，不耐寒。适宜肥沃疏松、腐殖质较多的砂质壤上。具有较强的耐干旱能力，对环境适应性强，生长期长，生长速度快。

园林用途：过路黄生长速度快，枝叶能迅速覆盖地面，叶色鲜艳丰富，且抗寒性强，是一种非常优良的彩叶地被植物。

相近种、变种及品种：点腺过路黄、浙江过路黄。

40 蓝花丹（花绣球、蓝茉莉、蓝雪花）

Plumbago auriculata

1. 花枝；2. 植株；3. 花萼

科属：白花丹科 白花丹属。

株高形态：常绿柔弱半灌木，高约 1 m 或更长。

识别特征：上端蔓状或极开散，除花序外无毛，被有细小的钙质颗粒。基部楔形。穗状花序顶生和腋生，总花梗短，与总花梗及其下方 1～2 节的茎上密被灰白色至淡黄褐色短绒毛；苞片线状狭长卵形，约含 18～30 枚花，花冠淡蓝色至蓝白色。果实为膜质蒴果，盖裂。花期 6—9 月和 12 至翌年 4 月。

生态习性：喜光照、温暖湿润的环境，越冬气温需保持在 0℃以上。不耐寒，耐阴。适宜在肥沃、湿润、排水良好的轻质酸性土壤生长。

园林用途：蓝花丹适合庭园丛植、缘栽、花坛、地被或盆栽观赏，露地栽种。

相近种、变种及品种：白花丹、紫花丹。

41　马利筋（莲生桂子花、芳草花）

Asclepias curassavica

科属：萝藦科 马利筋属。

株高形态：多年生直立灌木状草本，高达 80 cm。

识别特征：全株有白色乳汁，茎淡灰色，无毛或有微毛。叶膜质，披针形或椭圆状披针形，顶端短渐尖或急尖，基部。聚伞花序顶生或腋生。蓇葖披针形，端部渐尖，种子顶端具白色绢质种毛。花期几乎全年，果期 8—12 月。

生态习性：半耐寒，不耐霜冻，喜向阳、通风、温暖干燥环境，最宜在湿润、肥沃的土壤生存，不耐干旱。

园林用途：马利筋生性强健，花朵多姿，观赏价值高，用于园林绿化适合于庭植美化、花坛栽植、切花和盆栽。全株有毒，尤以乳汁毒性较强，使用时应加以注意以免产生不良后果。

相近种、变种及品种：黄冠马利筋。

1. 花枝；2. 花；3. 花的纵切面；
4. 花粉器；5. 蓇葖；6. 种子

42　茑萝（茑萝松、锦屏封、金丝线）

Ipomoea quamoclit

科属：旋花科 番薯属。

株高形态：一年生草质藤本，无毛。

识别特征：叶卵形或长圆形，羽状深裂至中脉，具 10～18 对线形至丝状的平展的细裂片，裂片先端锐尖；叶柄基部常具假托叶。花序腋生，由少数花组成聚伞花序；总花梗大多超过叶，花直立，花柄较花萼长；花冠高脚碟状，深红色。蒴果卵形，4 室，4 瓣裂，隔膜宿存，透明。种子 4，卵状长圆形，黑褐色。

生态习性：喜光和温暖湿润环境，不耐寒，能自播，要求土壤肥沃。抗逆力强，管理简便。

园林用途：茑萝蔓生茎细长光滑，长可达 4～5 m，柔软，极富攀援性，花叶俱美，是理想的绿篱植物。可盆栽陈设于室内，盆栽时可用金属丝扎成各种屏风式、塔式。

相近种、变种及品种：橙红茑萝、葵叶茑萝。

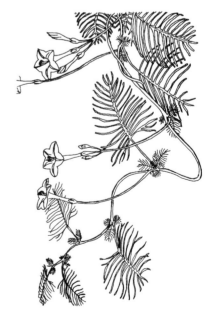

1. 植株

宿根福禄考（天蓝绣球）

Phlox paniculata

1. 花枝

科属：花荵科 天蓝绣球属。

株高形态：多年生草本,高 60～100 cm。

识别特征：茎直立,单一或上部分枝,粗壮,无毛或上部散生柔毛。叶交互对生,有时 3 叶轮生,长圆形或卵状披针形,全缘,两面疏生短柔毛。顶生伞房状圆锥花序,花梗和花萼近等长;花冠高脚碟状,淡红、红、白、紫等色,花冠有柔毛,裂片倒卵形,圆,全缘,平展;雄蕊与花柱和花冠等长或稍长。蒴果卵形,3 瓣裂,有多数种子。种子卵球形,黑色或褐色。

生态习性：性喜温暖、湿润、阳光充足或半阴的环境。不耐热,耐寒,忌烈日暴晒,不耐旱,忌积水。宜在疏松、肥沃、排水良好的中性或碱性的沙壤土中生长。

园林用途：宿根福禄考姿态幽雅,花朵繁茂,色彩艳丽,花色丰富,群植效果壮观,具有很好的观赏效果,是夏季理想的主要观花植物。可作花坛、花境材料,也可盆栽观赏,或作切花用。

相近种、变种及品种：小天蓝绣球、针叶天蓝绣球。

---

44 美女樱（草五色梅、铺地锦、四季绣球、美人樱）

Verbena hybrida

1. 花枝

科属：马鞭草科 美女樱属。

株高形态：多年生草本植物,株高 10～50 cm。

识别特征：全株有细绒毛,植株丛生而铺覆地面。茎四棱;叶对生,深绿色;穗状花序顶生,密集呈伞房状,花小而密集,有白色、粉色、红色、复色等,具芳香。花期 5—11 月。

生态习性：喜阳光、不耐阴,较耐寒、不耐旱,北方多作一年生草花栽培,在炎热夏季能正常开花。在阳光充足、疏松肥沃的土壤中生长,花开繁茂。

园林用途：美女樱茎秆矮壮匍匐,为良好的地被材料,可用于城市道路绿化带,交通岛、坡地、花坛等。可混色种植或单色种植,多色混种可显其五彩缤纷,单色种植可形成色块。例如,在公路干道两侧绿化带用不同颜色栽种,每 30 米一色,犹如铺地彩带;又如交叉路口转盘处以环状方式种植,由内至外采用不同颜色,形如铺地彩虹,视觉效果甚佳。

相近种、变种及品种：细叶美女樱。

45 **柳叶马鞭草**（南美马鞭草、长茎马鞭草）
Verbena bonariensis

科属： 马鞭草科 马鞭草属。

株高形态： 多年生草本，株高 100～150 cm。

识别特征： 叶为柳叶形，十字对生，初期叶为椭圆形，边缘略有缺刻，花茎抽高后的叶转为细长型如柳叶状，边缘仍有尖缺刻，茎为正方形，全株有纤毛。聚伞花序，小筒状花着生于花茎顶部，紫红色或淡紫色。花期5—9月。

生态习性： 性喜温暖气候，不耐寒，在全日照的环境下生长为佳，全年皆可开花，花期长，观赏价值高，以春、夏、秋开花较佳，冬天则较差或不开花。对土壤选择不苛，排水良好即可，耐旱能力强，需水量中等。

园林用途： 柳叶马鞭草姿态高而摇曳，花色柔和而繁茂，在景观布置中应用广泛。常片植于植物园和别墅区，开花季节犹如一片粉紫色的云霞，令人震撼。在庭院绿化中，可沿路带状栽植，分隔空间的同时，还可以丰富路边风景。

相近种、变种及品种： 马鞭草。

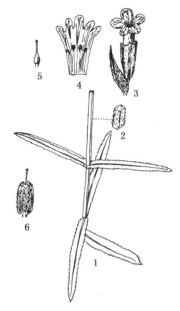

1. 茎；2. 棱上纤毛；3. 花带苞片；
4. 花瓣展开；5. 雌蕊；6. 果

46 **薄荷**（野薄荷、水薄荷、鱼香草）
Mentha canadensis

科属： 唇形科 薄荷属。

株高形态： 多年生草本，高 30～60 cm。

识别特征： 茎直立，叶片长圆状披针形，边缘在基部以上疏生粗大的牙齿状锯齿。轮伞花序腋生，轮廓球形，具梗或无梗；花萼管状钟形，花冠淡紫，花盘平顶。小坚果卵珠形，黄褐色。花期7—9月，果期10月。

生态习性： 喜阳光充足，温暖湿润的环境，对土壤的要求不严格，以砂质、冲积土壤土为好。

园林用途： 薄荷为芳香植物的代表，株丛繁盛，花色鲜丽，花期长久，而且抗性强、管理粗放，特别是花开于夏秋之际，十分引人注目。在园林中可作低湿处地被和花境观赏栽培，可快速覆盖地面，且少有病虫害。常作布置花境的材料，也可盆栽观赏。

相近种、变种及品种： 龙脑薄荷、红叶臭头、白叶臭头、大叶青种、小叶黄种、平叶留兰香、楚薄荷等。

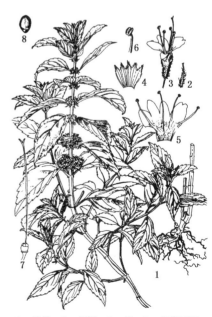

1. 植株；2. 花梗；3. 花；4. 花萼展开；
5. 花瓣展开；6. 雄蕊；7. 雌蕊；8. 小坚果

47 美国薄荷（马薄荷、佛手甜）

Monarda didyma

1. 花枝；2. 花；3. 花冠
展开；4. 花萼展开；5. 种子

科属：唇形科 美国薄荷属。

株高形态：一年生草本，株高 100～120 cm。

识别特征：茎直立。叶片卵状披针形，边缘具不等大的锯齿，纸质；轮伞花序多花，在茎顶密集成头状花序；苞片叶状，染红色，短于花序，全缘。花冠紫红色，外面被微柔毛，内面在冠筒被微柔毛，冠檐二唇形，上唇直立，先端稍外弯，全缘，下唇 3 裂，平展，中裂片较狭长，顶端微缺。花期 7 月。

生态习性：性喜凉爽、湿润、向阳的环境，亦耐半阴。适应性强，不择土壤。耐寒，忌过于干燥。

园林用途：美国薄荷株丛繁盛，花色艳丽，花期长久，而且抗性强、管理粗放，特别是夏秋之际花开色泽鲜艳，引人瞩目。适宜栽植在生态园中或栽种于林下、水边，也可以丛植或行植在水池、溪旁。可盆栽观赏和用于鲜切花。

相近种、变种及品种：拟美国薄荷；"花园红""柯罗红""草原""火球""粉极"美国薄荷。

48 假龙头花（随意草、棉铃花、伪龙头、芝麻花）

Physostegia virginiana

1. 花枝；2. 花萼

科属：唇形科、假龙头花属。

株高形态：多年生宿根草本，株高 80 cm。

识别特征：多枝，有匍匐性，茎丛生而直立，四棱形。单叶对生，披针形，亮绿色，边缘具锯齿。茎上密生小花，成穗状花序，花茎上无叶，苞片极小，花萼筒状钟形，有三角形锐齿，上生黏性腺毛，唇口部膨大，排列紧密，每轮有花 2 朵，唇瓣短，花色淡紫红。花期 7—9 月。

生态习性：性喜温暖、阳光和喜疏松肥沃、排水良好的沙质壤土，较耐寒，能耐轻霜冻，耐肥，适应能力强。

园林用途：假龙头花叶形整齐，花色艳丽，很适合盆栽观赏或种植在花坛、花境之中。因它花色淡紫，属冷色系，楞，可与暖色的一串红、红鸡冠等互相搭配种植，其色彩之优美更能显现草本花卉的独特魅力。

相近种、变种及品种：龙头花、"红美人"假龙头花。

49 **彩叶草**（锦紫苏、洋紫苏、五色草、老来少、五彩苏）

Coleus scutellarioides

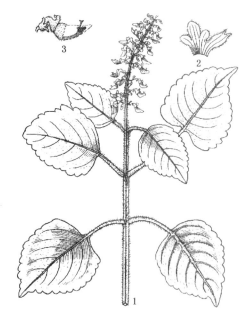

科属：唇形科 锦葵属。

株高形态：一年生草本，株高 80 cm。

识别特征：直立或上升草本，茎通常紫色，四棱形，被微柔毛，具分枝。叶膜质，其大小、形状及色泽变异很大，通常卵圆形，色泽多样，有黄、暗红、紫色及绿色，两面被微柔毛，下面常散布红褐色腺点，侧脉4～5对，与中脉两面微突出。轮伞花序多花，小坚果宽卵圆形或圆形，压扁，褐色。花期7月。

生态习性：喜温性植物，适应性强，冬季温度不低于10℃，夏季高温时稍加遮阴；喜充足阳光，光线充足能使叶色鲜艳。要求富含腐殖质、疏松肥沃、排水透气性能良好的沙质培养土。

园林用途：彩叶草的色彩鲜艳、品种甚多、繁殖容易，为应用较广的观叶花卉，除可作小型观叶花卉陈设外，还可配置图案花坛，花篮、花束的配叶使用。

相近种、变种及品种：小五彩苏。

1. 植株上部；2. 花萼；3. 花下唇部解剖

50 **鼠尾草**（撒尔维亚、日本紫花鼠尾草、南丹参）

Salvia japonica

科属：唇形科 鼠尾草属。

株高形态：一年生草本，株高 40～60 cm。

识别特征：植株呈丛生状，植株被柔毛，须根密集；茎直立，钝四棱形，具沟；茎下部叶为二回羽状复叶，茎上部叶为一回羽状复叶；轮伞花序顶生，花萼筒形，花冠淡红、淡紫、淡蓝至白色；小坚果椭圆形，褐色光滑。

生态习性：喜温暖、光照充足、通风良好的环境。耐旱，但不耐涝。不择土壤，宜排水良好、土质疏松的中性或微碱性土壤。

园林用途：鼠尾草株丛秀丽，花色美观，适应性强，是优良的多年生花坛及背景材料。盆栽适用于花坛、花境和园林景点的布置。可丛植点缀于岩石旁、林缘空隙地，摆放自然建筑物前和小庭院，显得典雅清幽。

相近种、变种及品种：朱砂草、春丹参。

1. 植株中的一茎节，示花枝和叶；
2. 苞片；3. 花冠纵剖，内面观

51 一串红（爆仗红、象牙海棠、墙下红、象牙红）

Salvia splendens

1. 茎中部；2. 植株上部,示花序；
3. 花冠纵剖,内面观；4. 花萼纵剖,
内面观；5. 雌蕊；6. 坚小果,馥面观

科属：唇形科 鼠尾草属。

株高形态：亚灌木状草本,高可达 90 cm。

识别特征：茎钝四棱形,具浅槽,无毛。叶卵圆形或三角状卵圆形；轮伞花序,2～6 花,组成顶生总状花序,花萼钟形,红色,花冠红色；小坚果椭圆形,暗褐色,边缘或棱具狭翅,光滑。

生态习性：喜阳,也耐半阴,要求疏松、肥沃和排水良好的砂质壤土,而对用甲基溴化物处理土壤和碱性土壤反应非常敏感。耐寒性差。

园林用途：园林中常用红花品种。用作花丛、花坛的主体材料,也可种植于带状花坛或自然式纯植与林缘。常与浅黄色美人蕉、矮万寿菊、浅蓝或水粉色水牡丹、翠菊、矮藿香蓟等配合种植。

相近种、变种及品种：矮生一串红、一串红白花品种、一串红紫花品种、红花鼠尾草（朱唇）、粉萼鼠尾草（一串蓝）。

52 绵毛水苏（棉毛水苏）

Stachys lanata

1. 植株上部,示花序；2. 花萼；3. 开裂的蒴果

科属：唇形科 水苏属。

株高形态：多年生草本,高约 60 cm。

识别特征：茎直立,四棱形,密被有灰白色丝状绵毛；基生叶及茎生叶长圆状椭圆形,两端渐狭,边缘具小圆齿,质厚,两面均密被灰白色丝状绵毛；轮伞花序多花,花萼管状钟形；小坚果长圆形,褐色无毛。花期 7 月。

生态习性：喜光,耐寒,最低可耐受 -29℃ 低温。

园林用途：绵毛水苏株型挺秀,花色美观,叶色叶质特殊,是优秀的观赏植物,在园林中常用于花境,岩石园,庭园观赏。

相近种、变种及品种：毛水苏、多花水苏、华水苏、水苏。

53 **银石蚕**（灌丛石蚕、水果篮）
Teucrium fruticans

科属：唇形科 香科科属。

株高形态：常绿小灌木，高可达 1.8 m。

识别特征：叶对生，卵圆形，长 1～2 cm，宽1 cm；小枝四棱形；全株被白色绒毛，以叶背和小枝最多；花淡紫色。

生态习性：喜光，稍耐阴，耐干旱，耐贫瘠，适于排水良好的土壤。对环境有超强的耐受能力，可适应大部分地区的气候环境。

园林用途：银石蚕叶色奇特，花色美观，萌蘖力很强，可反复修剪，对丰富园林景观的色彩发挥着重要的作用。既适合做深绿色植物的前景，也适合做草本花卉的背景，在自然式园林中种植林缘或花境是最合适的；也可通过修剪用作规则式园林的矮绿篱。

相近种、变种及品种：无。

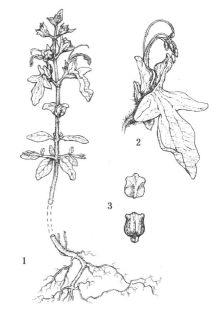

1. 植株；2. 花；3. 果

54 **矮牵牛**（碧冬茄、杂种撞羽朝颜、灵芝牡丹）
Petunia hybrida

科属：茄科 碧冬茄属。

株高形态：多年生草本，株高 15～80 cm。

识别特征：茎匍地生长，被有黏质柔毛，叶质柔软，椭圆或卵圆形，全缘，互生，上部叶对生；花单生漏斗状，重瓣花球形；蒴果，种子极小。

生态习性：长日照植物，喜温暖和阳光充足环境，不耐霜冻。宜用疏松肥沃和排水良好的砂壤土。生长适温为 13～18℃，冬季温度在 4～10℃，如低于 4℃，植株生长停止。夏季能耐 35℃以上的高温。

园林用途：矮牵牛花大而多，开花繁盛，花期长，色彩丰富，是最优良的花坛和种植坛花卉材料，可自然式丛植，还可作为切花。可以广泛用于花坛布置、花槽配置、景点摆设、窗台点缀、家庭装饰。

相近种、变种及品种："梦幻"、"阿拉丁系列"、"呼啦圈"、"地毯"、"梅林"、"魅力"、"风暴"、"超级小瀑布"等品种。

1. 花果枝；2. 花冠展开；3. 雌蕊；
4. 果实；5. 种子

55 花烟草（美花烟草、长花烟草、大花烟草）
Nicotiana alata

1. 花序和叶；2. 花冠展开；
3. 花药；4. 花萼和雌蕊

科属：茄科 烟草属。

株高形态：多年生草本，株高60～150 cm。

识别特征：全株被黏毛，叶在茎下部呈矩圆形，向上成卵形，接近花絮成披针形；花絮为假总状式，疏散生几朵花；花萼杯状或钟状，花冠淡绿色；蒴果卵球状；种子灰褐色。

生态习性：喜温暖、向阳的环境及肥沃疏松的土壤，较耐热，耐旱，不耐寒。

园林用途：花烟草植株紧凑，连续开花，是优美的花坛、花境材料，广泛用作盆景、庭院、草坪绿化植物。

相近种、变种及品种：黄花烟草、光烟草、烟草。

56 毛地黄（洋地黄）
Digitalis purpurea

1. 开花枝条；2. 花切面；3. 雄蕊；4. 雌蕊

科属：玄参科 毛地黄属。

株高形态：一年生或多年生草本，株高60～120 cm。

识别特征：全株被灰白色短柔毛和腺毛，茎单生或数条成丛。基生叶成莲座状，叶柄具狭翅；叶片卵形或长椭圆形；花冠紫红色，内面具斑点；蒴果卵形；种子短棒状，除被蜂窝状网纹外，尚有极细的柔毛。花期5—6月，果熟期8—10月。

生态习性：植株强健，较耐寒、较耐干旱、忌炎热、耐瘠薄土壤。喜阳且耐阴，适宜在湿润而排水良好的土壤上生长。

园林用途：毛地黄因具有满茸毛的茎叶及酷似地黄的叶片，因而得名；又因它来自遥远的欧洲，因此又称为洋地黄。可在花境、花坛、岩石园中应用，可作自然式花卉布置，也适用于盆栽，若在温室中促成栽培，可在早春开花。

相近种、变种及品种：紫花洋地黄。

57 **毛地黄钓钟柳**（毛地黄叶钓钟柳）

Penstemon laevigatus subsp. digitalis

科属：车前科 钓钟柳属。

株高形态：多年生草本，株高60 cm。

识别特征：全株被绒毛，茎直立丛生。秋凉后，叶转红。叶交互对生，无柄，卵形至披针形。花单生或3～4朵着生于叶腋总梗之上，呈不规则总状花序顶生，花冠筒状唇形，花色有白、粉、蓝紫等色。

生态习性：喜阳光充足、空气湿润及通风良好的环境，忌炎热干旱，耐寒，对土壤要求不严，但必须排水良好，以含石灰质的砂质壤土为佳。

园林用途：毛地黄钓钟柳易于栽培，生长力强，色彩艳丽，常被用作道旁种植，是林下地被、花境栽植的良好材料。也常用于庭园种植，在秋冬季节果实具有很好的装饰性。

相近种、变种及品种："五彩"钓钟柳、"红花"钓钟柳、"电灯花"钓钟柳、"神秘"毛地黄钓钟柳。

1. 植株；2. 花枝；3. 花

58 **香彩雀**（天使花、蓝天使）

Angelonia angustifolia

科属：车前科 香彩雀属。

株高形态：一年生直立草本，高可达80 cm，常见30～70 cm。

识别特征：直立草本，茎通常有不甚发育的分枝。叶对生或上部的互生，无柄，披针形或条状披针形，具尖而向叶顶端弯曲的疏齿。花单生叶腋；花瓣唇形，花梗细长；花冠蓝紫色。蒴果球形。种子细小。

生态习性：香彩雀性喜光，耐半阴。喜温暖的环境，耐高温，不耐寒。宜在疏松、肥沃且排水良好的土壤中生长。

园林用途：香彩雀花型小巧，花色丰富、花量大，观花期长，春、夏、秋三季均可开花，养护容易，是适于夏季高温、高湿条件下的园林绿化的理想种类。可广泛应用于花坛、自然花境、组合盆栽等栽植或湿地水边等种植。

相近种、变种及品种：粉红香彩雀、白花香彩雀、玉天使、柳叶天使花、狭叶天使花。

1. 植株；2. 叶

59 金鱼草（龙头花、狮子花、龙口花、洋彩雀）
Antirrhinum majus

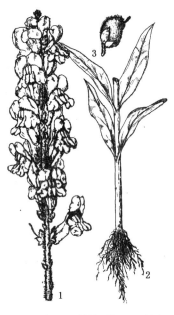

1. 花序；2. 植株下部；3. 果实

科属：车前科 金鱼草属。

株高形态：多年生或一年生直立草本，高30~80 cm。

识别特征：全株光滑或仅花序上具软毛。茎基部有时木质化，叶的下部对生，上部的常互生，披针形至长圆状披针形，全缘；总状花序顶生，密被腺毛；花萼与花梗近等长，5深裂，裂片卵形；花冠颜色多种，红色、紫色至白色，基部在前面下延成兜状，上唇直立，宽大。蒴果卵形。

生态习性：喜充足阳光与凉爽湿润的气候。耐寒，不耐炎热，可耐半阴或碱性土壤，以疏松、肥沃的土壤良好。

园林用途：金鱼草花形奇特，花色丰富艳丽，花茎挺直，是配置初夏花坛、花境的优良材料。可作为切花，用于瓶插或花篮。

相近种、变种及品种：红金鱼草、粉金鱼草、黄金鱼草、杂色金鱼草、单瓣金鱼草。

60 柳穿鱼（小金鱼草、苞米碴子花、黄鸽子花）
Linaria vulgaris **subsp.** *sinensis*

1. 植株；2. 花

科属：玄参科 柳穿鱼属。

株高形态：多年生草花，株高 20~80 cm。

识别特征：茎圆柱形，灰绿色，无毛，横断面灰白色。叶多皱缩，易破碎；叶互生，条形至条状披针形，全缘，羽状叶脉，无毛。总状花序顶生，黄色。蒴果卵圆形。种子盘状，边缘有宽翅。花期6—9月。

生态习性：喜光、较耐寒，不耐酷热，喜阳光和冷凉气候；宜中等肥沃、适当湿润又排水良好的砂质土壤，繁殖力很强。

园林用途：柳穿鱼枝叶柔细，花形与花色别致，适宜作花坛及花境边缘材料，也可盆栽，或作为切花。

相近种、变种及品种：紫花柳穿鱼、多枝柳穿鱼、海滨柳穿鱼。

61 **婆婆纳**（卵子草、石补钉、双铜锤、双肾草、桑肾子）
Veronica didyma

科属：车前科 婆婆纳属。

株高形态：一年生草本，高 10～25 cm。

识别特征：茎基部多分枝成丛，纤细，匍匐或上升，多少被长柔毛。叶对生，具短柄；叶片三角状圆形，通常有 7—9 个钝锯齿。总状花序顶生，苞片叶状，互生；花冠蓝紫色，辐状，筒部极短。蒴果近于肾形。种子舟状深凹，背面波纹纵皱纹。

生态习性：喜温暖，耐寒性较强，喜光，属长日照植物，耐半阴。对水肥条件要求不高，但喜肥沃、深厚的土壤。

园林用途：婆婆纳可种植在草坪中，作为缀花草坪，增加草坪的观赏效果；种植在园林建筑或古迹等附近的斜坡上既可护坡又可衬托景点；也可与其他植物配植成花坛，花境。由于婆婆纳花序直立，花期长，因此是很好的线条形蓝紫色系花材。可用作切花材料。

相近种、变种及品种：轮叶婆婆纳、长白婆婆纳、阿拉伯婆婆纳、细叶婆婆纳、直立婆婆纳。

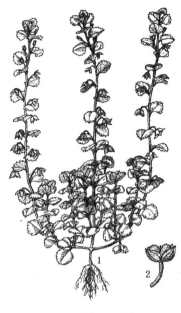

1. 植株；2. 果

62 **夏堇**（蓝猪耳、花公草、雀仔花）
Torenia fournieri

科属：玄参科 蝴蝶草属。

株高形态：一年生草本，高 15～50 cm。

识别特征：茎细小呈四棱型，几无毛，叶对生，呈卵形或卵状心形，细锯齿，无托叶。花瓣喉部有黄色的斑点，生于叶腋或顶生总状花序。花色丰富而多变。果实为长型蒴果，长椭圆形。

生态习性：喜高温、耐炎热。喜光、耐半阴，生长强健，需肥量不大，宜阳光充足，适度肥沃湿润的土壤。

园林用途：夏堇植株紧凑，花型小巧，花色丰富，花期长，生性强健，耐高温、高湿，是夏秋季高温地区重要的草花植物。可作为花坛、花境应用，可成片密植美化地被效果；可成片或小区块栽植，并可搭配繁星花、蓝星花等夏季草花，作为庭院装饰。

相近种、变种及品种：黄筒夏堇、白花夏堇。

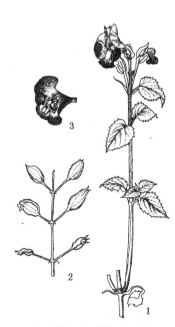

1. 植株；2. 花枝；3. 花

63 菊花（秋菊）

Chrysanthemum morifolium

1. 花枝；2. 舌状花；3. 管状花

科属：菊科 菊属。

株高形态：多年生草本，高 60～150 cm。

识别特征：根状茎多少木质化。叶卵形至披针形，边缘有粗大锯齿或深裂，基部楔形，有叶柄。头状花序，诞生或数个集生于茎枝顶端；舌状花白色，红色，紫色或黄色。瘦果不发育。

生态习性：喜温暖和阳光充足的环境，怕水涝，属短日照植物，喜温暖湿润气候，但亦能耐寒。对土壤要求不严，但应选择排水良好、肥沃、疏松、含腐殖质丰富的土壤为好。

园林用途：我国十大传统名花之一，清雅高洁，是一种可食用可入药的观赏性花卉，广泛应用于花坛、地被、盆花和切花。品种繁多，花型及花色丰富多彩，花期长，花量大，不仅可以展示其个体美，而且可以体现组合美、群体美。

相近种、变种及品种：广菊、墨菊、紫寒小菊、太阳红菊、大方红、吊珠菊。

64 银叶菊（雪叶菊、白绒毛矢车菊）

Senecio cineraria

1. 根；2. 花枝；3. 两性花及瘦果

科属：菊科 千里光属。

株高形态：多年生草本植物，高度 50～80 cm。

识别特征：全株具白色绒毛，多分枝。成叶匙形或羽状裂叶，叶片质较薄，叶片缺裂，如雪花图案，具较长的白色绒毛。头状花序单生枝顶，花小、黄色，花期 6—9 月，种籽 7 月开始陆续成熟。

生态习性：不耐酷暑，高温、高湿时易死亡。喜凉爽湿润、阳光充足的气候和疏松肥沃的沙质壤土或富含有机质的黏质壤土，萌枝力强。

园林用途：银白色的叶片远看像一片白云，与其他色彩的纯色花卉配置栽植，效果极佳，是重要的花坛花卉、草坪及地被观叶植物。

相近种、变种及品种：细裂银叶菊。

65 木茼蒿（木菊、木春菊、蓬蒿菊、茼蒿菊、白菊仔）

Argyranthemum frutescens

科属：菊科 木茼蒿属。

株高形态：多年生草本或半灌木，高 60～100 cm。

识别特征：叶具长柄，叶片卵形或长圆形，沿叶轴成一至三回羽状深裂，裂片狭，先端急尖，基部宽，最后裂片披针形，两面均无毛，叶脉显著。头状花序多数于枝端，排列成不规则的伞房状；总苞球形，褐色；总苞片三层，外层的卵形，内层较大，先端具灰色膜质附片。舌状花白色，舌片卵状披针形。果实圆柱形。

生态习性：生长在阳光充足的场所，喜凉惧热，半耐寒，要求排水良好的土壤。

园林用途：木茼蒿花色丰富，有黄色、玫红、白色，花型品种多样，有单瓣和重瓣等。可用作盆栽，或花坛应用。

相近种、变种及品种：黄花木茼蒿、粉花木茼蒿、"博玛重瓣粉"木茼蒿。

1. 花枝；2. 舌状花；3. 管状花

66 雏菊（马兰头花、长寿菊、乌格登-其其格、延命菊、春菊）

Bellis perennis

科属：菊科 雏菊属。

株高形态：一年生或多年生草本，高 10 cm。

识别特征：叶基生，匙形，顶端圆钝，基部渐狭成柄，上半部边缘有疏钝齿或波状齿。头状花序单生，花葶被毛。舌状花一层，雌性，舌片白色带粉红色，开展，管状花多数，两性，均能结实。瘦果倒卵形。

生态习性：喜阳光充足，性较耐寒，较耐阴，喜冷凉气候，忌炎热，喜肥沃、湿润而排水良好的土壤。

园林用途：雏菊生长势强，易栽培，花梗的高矮适中，花朵整齐，色彩明媚素净且花期长，耐寒能力强，是早春地被花卉的首选。可作为草坪及树丛的边缘材料，可布置花坛，可分色盆栽拼成各种图案摆放，也可与金盏菊、三色堇、杜鹃、红叶小檗等配植。

相近种、变种及品种：全缘叶雏菊、林地雏菊、圆叶雏菊、长叶雏菊。

1. 花枝；2. 舌状花；3. 管状花

67 金盏菊（金盏花、黄金盏、长生菊、醒酒花、常春花）
Calendula officinalis

1. 花枝；2. 管状花；3. 花；4. 舌状花

科属：菊科 金盏花属。

株高形态：一年生草本，株高30～60 cm。

识别特征：全株被白色茸毛。单叶互生，椭圆形或椭圆状倒卵形，全缘。头状花序单生茎顶，形大，舌状花一轮，或多轮平展，金黄或桔黄色，筒状花，黄色或褐色。瘦果，呈船形、爪形。花期12月至翌年6月。

生态习性：喜光，适应性较强，怕炎热天气，较耐寒。不择土壤，以疏松、肥沃、微酸性土壤最好，能自播，生长快。抗SO_2能力很强，对氰化物及H_2S也有一定抗性。

园林用途：金盏菊适用于中心广场、花坛、花带的布置，也可作为草坪的镶边花卉或盆栽观赏。长梗、大花品种可用于切花。

相近种、变种及品种："邦·邦"、"吉坦纳节日"、"卡布劳纳"等金盏菊品种。

68 金鸡菊（小波斯菊、金钱菊、孔雀菊）
Coreopsis basalis

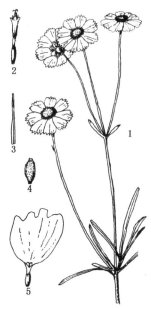

1. 花枝；2. 两性花；3. 托片；
4. 瘦果；5 舌状花

科属：菊科金鸡菊属。

株高形态：宿根草本，株高30～60 cm。

识别特征：叶片多对生，稀互生、全缘、浅裂或切裂。花单生或疏圆锥花序，总苞两列，每列3枚，基部合生。舌状花1列，宽舌状，呈黄、棕或粉色。管状花黄色至褐色。

生态习性：耐寒耐旱，对土壤要求不严，喜光，但耐半阴，适应性强，对SO_2有较强的抗性。

园林用途：金鸡菊枝叶密集，尤其是冬季幼叶萌生，鲜绿成片。春夏之间，花大色艳，常开不绝。还能自行繁衍，是极好的疏林地被。可观叶，也可观花。在屋顶绿化中作覆盖材料效果极好，还可作花境材料。

相近种、变种及品种：大叶金鸡菊、大花金鸡菊、剑叶金鸡菊、两色金鸡菊。

69 秋英（大波斯菊、波斯菊）
Cosmos bipinnatus

科属：菊科 秋英属。

株高形态：一年生或多年生草本,高100~200 cm。

识别特征：茎无毛或稍被柔毛。叶二次羽状深裂,裂片线形或丝状线形。头状花序单生。舌状花紫红色,粉红色或白色;舌片椭圆状倒卵形,有3~5钝齿;管状花黄色,管部短,上部圆柱形,有披针状裂片;花柱具短突尖的附器。瘦果黑紫色。花期6—8月,果期9—10月。

生态习性：喜光,忌炎热,忌积水,对夏季高温不适应,不耐寒。耐贫瘠土壤,需疏松肥沃和排水良好的壤土。

园林用途：秋英株形高大,叶形雅致,花色丰富,有粉、白、深红等色,在草地边缘、树丛周围及路旁成片栽植,颇有野趣。重瓣品种可作切花材料。适合作花境背景材料。

相近种、变种及品种：白花波斯菊、大花波斯菊、紫红花波斯菊。

1. 花枝；2. 两性花
及托片；3. 瘦果

70 松果菊（紫锥花、紫锥菊、紫松果菊）
Echinacea purpurea

科属：菊科 松果菊属。

株高形态：多年生草本植物,株高50~150 cm。

识别特征：全株具粗毛,茎直立。基生叶卵形或三角形,茎生叶卵状披针形,叶柄基部稍抱茎;头状花序单生于枝顶,或数多聚生,舌状花紫红色,管状花橙黄色,花期6—7月。

生态习性：喜光,喜温暖湿润环境,性强健而耐寒,耐干旱。不择土壤,在深厚肥沃富含腐殖质土壤上生长良好,可自播繁殖。

园林用途：松果菊花朵较大,色彩艳丽,外形美观,具有很高的观赏价值,是庭院、公园、街头绿地和街道绿化美化、节日摆花不可缺少的花卉之一。可作背景栽植或作花境、坡地材料,亦可作切花。

相近种、变种及品种："草原火"、"第一夫人"、"白天鹅"等松果菊品种。

1. 花枝；2. 根部

71 黄金菊（猫儿菊、大黄菊）

Euryops chrysanthemoides × speciosissimus

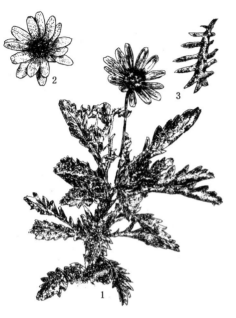

1. 植株；2. 花；3. 茎

科属：菊科 梳黄菊属。

株高形态：一年生或多年生草本，最高20～70 cm。

识别特征：羽状叶有细裂，花黄色，黄金夏季开花；全株具香气，叶略带草香及苹果的香气。

生态习性：喜阳光；喜土质深厚，排水良好的沙质壤土，土壤中性或略碱性。

园林用途：黄金菊花朵较大，色彩艳丽，外形美观，花期长，具有很高的观赏价值，主要用于园林的花坛、树林草地等处。

相近种、变种及品种：茼蒿菊。

72 大吴风草（八角乌、活血莲、独角莲、一叶莲、大马蹄香）

Farfugium japonicum

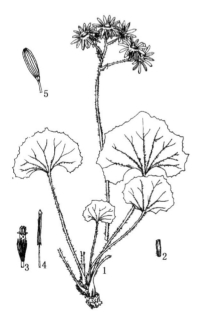

1. 植株；2. 瘦果；3. 管
状花；4. 花药；5舌状花

科属：菊科 大吴风草属。

株高形态：多年生草本，花葶高达 70 cm。

识别特征：葶状草本。根茎粗壮。叶全部基生，莲座状，有长柄，叶片肾形，全缘或有小齿至掌状浅裂。头状花序辐射状，排列成伞房状花序；长圆形舌状花8～12，黄色；管状花多数，花药基部有尾，冠毛白色与花冠等长。瘦果圆柱形。花果期8月至翌年3月。

生态习性：喜半阴和湿润环境；耐寒，在江南地区能露地越冬；害怕阳光直射；对土壤适应度较好，以肥沃疏松、排水好的黑土为宜。

园林用途：大吴风草于深秋季节开花，花黄叶绿，花期长，是秋季主要的花卉植物，可将其种植于路边林下，与麦冬、兰花、三七等共同营造林下景观和秋季花卉景观。

相近种、变种及品种：斑点大吴风草、花叶大吴风草。

73 天人菊（虎皮菊、老虎皮菊）
Gaillardia pulchella

科属：菊科 天人菊属。

株高形态：一年生草本，株高 20～60 cm。

识别特征：茎中部以上多分枝。下部叶匙形或倒披针形，边缘波状钝齿、浅裂至琴状分裂；上部叶长椭圆形，倒披针形或匙形，全缘或上部有疏锯齿或中部以上 3 浅裂，基部无柄或心形半抱茎，叶两面被伏毛。头状花序，总苞片披针形。舌状花黄色，基部带紫色，舌片宽楔形，顶端 2～3 裂；管状花裂片三角形，顶端渐尖成芒状，被节毛。瘦果基部被长柔毛。花果期 6—8 月。

生态习性：耐干旱，耐炎热，喜高温，但是不耐寒。喜欢光照，也可以耐半阴。要求排水性良好的沙质土壤。

园林用途：天人菊是优良的沙地绿化、美化、防风定沙草本植物，其花姿娇娆，色彩艳丽，花期长，栽培管理简单，可作花坛、花丛的材料。

相近种、变种及品种：矢车天人菊。

1. 花枝；2. 舌状花；3. 两性花

74 向日葵（丈菊）
Helianthus annuus

科属：菊科 向日葵属。

株高形态：一年生高大草本，高 100～300 cm。

识别特征：茎直立。叶互生，心状卵圆形或卵圆形，顶端急尖或渐尖，有三基出脉，粗锯齿，两面被短糙毛，有长柄。头状花序极大，单生于茎端或枝端。总苞片多层，叶质，覆瓦状排列，卵形至卵状披针形，被长硬毛或纤毛。舌状花多数，黄色、舌片开展，长圆状卵形；管状花极多数，棕色或紫色。瘦果倒卵形或卵状长圆形，常被白色短柔毛。花期 7—9 月，果期 8—9 月。

生态习性：短日照作物，性喜欢温暖、阳光充足的环境。极耐瘠薄、盐碱，土壤适应能力强，喜排水良好的沙质土壤。

园林用途：向日葵品种繁多、花色丰富、高度差异大，具有较好的适应性和特别的观赏性，已成为园林绿化的新材料。成片栽植可形成很好的景观效果，还可用于盆栽、布置花坛及与园林小品相配置。

相近种、变种及品种：狭叶向日葵、毛叶向日葵。

1. 花枝；2. 根；3. 两性花；4. 线果

75 金光菊（黑眼菊、黄菊、黄菊花、假向日葵）

Rudbeckia laciniata

1. 花枝；2. 舌状花

科属：菊科 金光菊属。

株高形态：多年生草本，株高 50～200 cm。

识别特征：茎上部有分枝。叶互生，下部叶具叶柄，不分裂或羽状 5～7 深裂，中部叶 3～5 深裂，上部叶不分裂，卵形。头状花序单生于枝端，具长花序梗，舌状花金黄色，倒披针形；管状花黄色或黄绿色。瘦果。花期7—10 月。

生态习性：喜通风良好，阳光充足的环境。适应性强，耐寒又耐旱。在排水良好、疏松的沙质土壤中生长良好。茎杆抗倒伏，还具有抗病、抗虫等特性。

园林用途：金光菊株型较大，花朵繁多且花期长、落叶期短，能形成长达半年之久，适合庭院等场所布置，亦可做花坛，花境材料，也是切花、瓶插之精品，此外也可布置草坪边缘成自然式栽植。

相近种、变种及品种：黑心金光菊、毛叶金光菊。

76 滨菊

Leucanthemum vulgare

1. 花枝；2. 舌状花；
3. 茎生头状花；4. 果；5. 瘦果

科属：菊科 滨菊属。

株高形态：多年生草本，高 15～80 cm。

识别特征：茎直立，通常不分枝，被绒毛或卷毛至无毛。基生叶花期生存，长椭圆形、倒披针形、倒卵形或卵形，基部楔形，边缘圆或钝锯齿。中下部茎叶长椭圆形或线状长椭圆形，中部以下或近基部有时羽状浅裂。上部叶渐小，有时羽状全裂。头状花序单生茎顶，有长花梗，或茎生 2～5 个头状花序，排成疏松伞房状。全部苞片无毛，边缘白色或褐色膜质。瘦果无冠毛，舌状花瘦果有侧缘冠齿。花果期 5—10 月。

生态习性：性喜阳光，在多种环境下都可以生长，喜欢湿润、土质深厚及排水良好的土壤。

园林用途：滨菊是典型的地被花卉。园林中多用于庭院绿化或布置花境，花枝是优良的切花。

相近种、变种及品种：小滨菊、大滨菊。

77 白晶菊（小白菊、晶晶菊、春梢菊）

Mauranthemum paludosum

科属： 菊科 白舌菊属。

株高形态： 二年生草本，株高 15～25 cm。

识别特征： 叶互生，一至两回羽裂。头状花序顶生，盘状，边缘舌状花银白色，中央筒状花金黄色，色彩分明、鲜艳。瘦果。开花期早春至春末，花期极长，花谢花开，可维持 2—3 个月。株高长到 15 cm 即可开花，花期从冬末至初夏，3—5 月是其盛花期。花后结瘦果，5 月下旬成熟。

生态习性： 喜阳光充足而凉爽的环境，光照不足开花不良。耐寒，忌高温多湿。适应性强，不择土壤，宜种植在疏松、肥沃、湿润的壤土或砂质壤土中。

园林用途： 白晶菊植株矮而强健，多花，花期早且长，成片栽培耀眼夺目，适合盆栽、组合盆栽观赏或早春花坛美化，也可作为地被花卉栽种。

相近种、变种及品种： 无。

1. 花枝；2. 舌状花；3. 花托；4. 果

78 蓝目菊（非洲万寿菊、非洲雏菊、大花蓝目菊）

Osteospermum ecklonis

科属： 菊科 骨子菊属。

株高形态： 半灌木或多年生宿根草本植物，株高 20～60 cm。

识别特征： 基生叶丛生，茎生叶互生，羽裂。顶生头状花序，中央为蓝紫色管状花，舌瓣花，花色有白色、紫色、淡色、橘色等。总苞有绒毛，舌状花白色，背面淡紫色，盘心蓝紫色。瘦果有棱沟，具长柔毛。

生态习性： 不耐寒，忌炎热，喜向阳环境。

园林用途： 蓝目菊花形大，花色多，可以在园林景区中定植，也可制成盆栽摆放在各种公共场所和室内，能起到美化环境和愉悦身心的作用。蓝目菊花茎较长，可制成切花。

相近种、变种及品种： 无。

1. 花枝；2. 舌状花及瘦果

79 孔雀草（小万寿菊、红黄草、西番菊、臭菊花、缎子花）

Tagetes patula

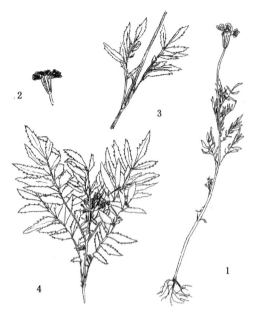

1. 植株；2. 花；3. 对生叶；4. 花枝

科属：菊科 万寿菊属。

株高形态：一年生宿根草本，高 30～100 cm。

识别特征：茎直立，通常近基部分枝，分枝斜开展。叶羽状分裂，裂片线状披针形，边缘有锯齿。头状花序单生，顶端稍增粗。管状花花冠黄色。瘦果线形，基部缩小，黑色，被短柔毛，冠毛鳞片状。

生态习性：喜阳光，但在半荫处栽植也能开花。对土壤要求不严。既耐移栽，又生长迅速，栽培管理容易。自播性强。

园林用途：孔雀草花朵色彩鲜明，花期极长，且无需特殊管理，是公园、街道绿地及居民庭院、阳台种植最相宜的花卉，常用在街道旁布置花坛。

相近种、变种及品种：万寿菊、细叶万寿菊、香叶万寿菊、"曙光""富源""赠品""迪斯科""金门""英雄""索菲亚""皇后"等品种。

80 瓜叶菊（富贵菊、黄瓜花、千日莲、千叶莲、瓜叶莲）

Pericallis hybrida

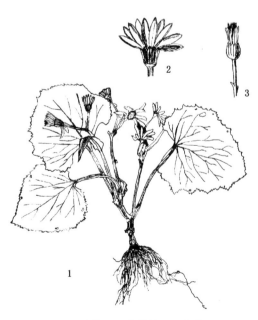

1. 全株；2. 花纵剖；3. 花蕾

科属：菊科 瓜叶菊属。

株高形态：多年生草本，高 20～90 cm。

识别特征：叶具柄，叶片大，肾形至宽心形。小花紫红色，淡蓝色，粉红色或近白色。瘦果长圆形，具棱，初时被毛，后变无毛。

生态习性：喜温暖、湿润且通风良好的环境，不耐高温，怕霜冻。喜富含腐殖质而排水良好的沙质土壤。

园林用途：瓜叶菊花色漂亮，颜色丰富，花姿优雅自然，盛开于春节、元宵节，深受人们的喜爱，是冬、春季节的高级盆栽花卉。主要作为温室盆花观赏，也可在断霜后移植到露天作花坛材料。单株盆栽或布置花坛观赏价值均高。

相近种、变种及品种："玫红纪念品""紫色纪念品""洋红色小丑"等品种。

81 结缕草（锥子草、延地青）

Zoysia japonica

科属：禾本科 结缕草属。

株高形态：多年生草本，高 15～20 cm。

识别特征：具横走根茎，须根细弱。秆直立，基部常有宿存枯萎的叶鞘。叶舌纤毛状；叶片扁平或稍内卷，表面疏生柔毛，背面近无毛。总状花序呈穗状；小穗柄通常弯曲；小穗卵形，淡黄绿色或带紫褐色，近顶端处由背部中脉延伸成小刺芒；外稃膜质，长圆形；雄蕊 3 枚，花丝短；花柱 2，柱头帚状，开花时伸出稃体外。颖果卵形。花果期 5—8 月。

生态习性：适应性较强，喜阳光充足、温暖湿润的气候。耐高温，抗干旱，不耐荫。耐瘠薄，耐踩踏。

园林用途：结缕草具横走根茎，易于繁殖，不仅是优良的草坪植物，还是良好的固土护坡植物。可用来铺建草坪足球场、运动场地、儿童活动场地。除了春、秋季生长茂盛外，炎热的夏季亦能保持优美的绿色草层。

相近种、变种及品种：中华结缕草、长花结缕草、马尼拉结缕草。

1. 具稳定根的植株；
2. 小穗；3. 雄蕊和雌蕊

82 狗牙根（绊根草、爬根草、咸沙草、铁线草）

Cynodon dactylon

科属：禾本科 狗牙根属。

株高形态：多年生草本，高 10～30 cm。

识别特征：秆细而坚韧，下部匍匐地面蔓延甚长，节上常生不定根，秆壁厚，光滑无毛，有时略两侧压扁。叶鞘微具脊，无毛或有疏柔毛，鞘口常具柔毛；叶舌仅为一轮纤毛。穗状花序 2～6 枚；小穗灰绿色或带紫色，仅含 1 小花；内稃与外稃近等长，具 2 脉。鳞被上缘近截平；花药淡紫色；子房无毛，柱头紫红色。颖果长圆柱形。花果期 5—10 月。

生态习性：喜光，稍能耐半阴，草质细，耐践踏，极耐热和抗旱。最适于排水较好、肥沃、较细的土壤。

园林用途：狗牙根适于世界各温暖潮湿和温暖半干旱地区，是长寿命的多年生草，根茎蔓延力很强，广铺地面，为良好的草坪及地被，观叶类，被广泛用于高尔夫球场果岭、发球台、球道、运动场、园林绿化和固土护坡。

相近种、变种及品种：双花狗牙根。

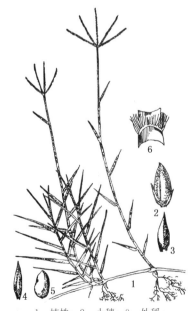

1. 植株；2. 小穗；3. 外稃；
4. 内稃；5. 颖果；6. 叶舌

83 早熟禾（稍草、小青草、小鸡草、冷草、绒球草）

Poa annua

1. 植株；2. 内稃；3. 外稃；
4. 小穗；5. 叶舌；6. 颖片

科属： 禾本科 早熟禾属。

株高形态： 一年生或冬性草本，高 6～30 cm。

识别特征： 秆直立或倾斜，质软，全体平滑无毛。叶片扁平或对折，质地柔软，常有横脉纹，顶端急尖呈船形，边缘微粗糙。圆锥花序宽卵形。花药黄色。颖果纺锤形。

生态习性： 喜光耐阴，喜温暖湿润的气候，具有很强的耐寒能力，耐旱较差，夏季炎热时生长停滞，春秋生长繁茂；是典型的冷季型草种，在排水良好、土壤肥沃的湿地生长良好。

园林用途： 早熟禾具有发达的根茎、极强的分蘖能力及青绿期长等优良性状，能迅速形成草丛密而整齐的草坪。可铺建绿化运动场、高尔夫球场、公园、路旁、水坝等。

相近种、变种及品种： 爬地早熟禾。

84 花叶芦竹（斑叶芦竹、彩叶芦竹）

Arundo donax 'Versicolor'

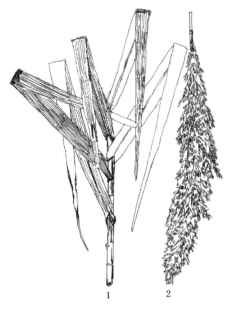

1. 植株；2. 小穗

科属： 禾本科 芦竹属。

株高形态： 多年生挺水草本，高 300～600 cm。

识别特征： 秆粗大，直立坚韧，具多数节，常生分枝。叶鞘长于节间，无毛或颈部具长柔毛；叶片扁平，上面与边缘微粗糙，基部白色，抱茎。圆锥花序极大型，分枝稠密，斜升。颖果细小黑色。花果期 9—12 月。

生态习性： 喜光照充足、温暖的环境，耐水湿，也较耐寒，不耐干旱和强光，喜肥沃、疏松和排水良好的微酸性沙质土壤。

园林用途： 花叶芦竹茎干高大挺拔，形状似竹。早春叶色黄白条纹相间，后增加绿色条纹，盛夏新生叶则为绿色。主要用于水景园林背景材料，也可点缀于桥、亭、榭四周，可盆栽用于庭院观赏。其花序可用作切花。

相近种、变种及品种： 芦竹、毛鞘芦竹、变叶芦竹。

154

85 小盼草（风铃草）
Chasmanthium latifolium

科属： 禾本科 裂冠花属。

株高形态： 多年生草本，株高可达 120 cm。

识别特征： 全光照下植株直立，蔽荫环境下株形松散。叶绿色、直立，紧密丛生。穗状花序形状奇特，悬垂于纤细的茎干顶端，突出于叶丛之上。仲夏抽穗，花序初时淡绿色，秋季变为棕红色，最后变为米色。花序宿存，冬季不落。

生态习性： 喜光照充足环境，可耐半阴。土壤适应性强，以含丰富腐殖质、疏松透气的沙质土壤为好。

园林用途： 小盼草花穗奇特，常用于配置花坛、花境、花丛、花群及花台等。

相近种、变种及品种： 无。

1. 花枝；2. 茎干

86 薏苡（药玉米、水玉米、晚念珠、六谷迷、石粟子、苡米）
Coix lacryma-jobi

科属： 禾本科 薏苡属。

株高形态： 一年生草本，高 100～200 cm。

识别特征： 须根黄白色，海绵质。秆直立丛生，节多分枝。叶片扁平宽大，开展，基部圆形或近心形，中脉粗厚，在下面隆起，边缘粗糙，通常无毛。总状花序腋生成束，直立或下垂，具长梗。颖果小，含淀粉少，常不饱满。

生态习性： 喜温暖湿润的环境，多生于湿润的屋旁、池塘、河沟、山谷、溪涧或易受涝的农田等地方。

园林用途： 薏苡单株孤植、多丛丛植效果均较好。成片大面积种植可以营造自然的田园风光。

相近种、变种及品种： 水生薏苡、薏米、小珠薏苡、窄果薏苡、念珠薏苡。

1. 植株；2. 雌小穗；3. 第二颖（雌）；
4. 雌蕊及退化的 3 雄蕊；5. 第二内稃（雌）；6. 第二外稃（雌）；7. 二退化雌小穗；8. 第一外稃（雌）

Cortaderia selloana

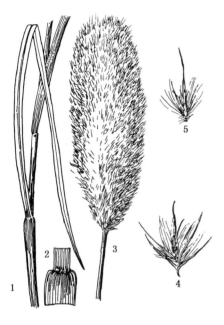

1. 部分植株；2. 舌叶；
3. 雌穗；4. 小穗；5. 小花

科属：禾本科 蒲苇属。

株高形态：多年生草本，高 200～300 cm。

识别特征：秆高大粗壮，丛生。叶舌为一圈密生柔毛，叶片质硬，狭窄，簇生于秆基，边缘具锯齿状粗糙。圆锥花序大型稠密，银白色至粉红色；雌花序较宽大，雄花序较狭窄；小穗含 2～3 小花，雌小穗具丝状柔毛，雄小穗无毛；颖质薄，细长，白色，外稃顶端延伸成长而细弱之芒。

生态习性：性强健，耐寒，喜温暖湿润、阳光充足气候。

园林用途：蒲苇具有优良的生态适应性和观赏价值。花穗长而美丽，庭院栽培壮观而雅致，或植于岸边入秋赏其银白色羽状穗的圆锥花序。也可用作干花，或花境观赏草专类园内使用。

相近种、变种及品种：矮蒲苇、玫红蒲苇、花叶蒲苇、灿烂蒲苇。

Miscanthus sinensis

1. 花序；2. 茎干

科属：禾本科 芒属。

株高形态：多年生草本，高 100～200 cm。

识别特征：叶片线形，下面疏生柔毛及被白粉，边缘粗糙。圆锥花序直立。分枝较粗硬，直立。小穗披针形，黄色有光泽。颖果长圆形，暗紫色。

生态习性：为中旱生的阳性根状茎，侵占力强，能迅速形成大面积草地。喜湿润，但能耐干旱，对温度要求不严格。生于酸性土壤，在以黄壤、黄棕壤上生长良好，具有很强的适应性和再生能力。

园林用途：芒株丛高大，性强健，生长繁茂，适应力强，美丽的花穗常为秋天的原野画下柔美的景色，是一种融绿化、美化、生态固土为一体的草本植物。

相近种、变种及品种：黄金芒、五节芒、金县芒、紫芒、高山芒。

89 互花米草

Spartina alterniflora

科属：禾本科 米草属。

株高形态：多年生草本,高 10～120 cm。

识别特征：秆直立,分蘖多而密聚成丛,高度随生长环境条件而异。叶鞘大多长于节间,无毛;叶片线形,先端渐尖,基部圆形,两面无毛,中脉在上面不显著。穗状花序劲直而靠近主轴;小穗单生,长卵状披针形;第一颖草质,先端长渐尖;第二颖先端略钝;外稃草质,脊上微粗糙;内稃膜质;花药黄色,柱头白色羽毛状;子房无毛。颖果圆柱形,光滑无毛。

生态习性：植株耐盐耐淹,抗风浪,种子可随风浪传播。根系分布深达 60 cm 的滩土中,单株一年内可繁殖几十甚至上百株。

园林用途：互花米草秸秆密集粗壮、地下根茎发达,能够促进泥沙的快速沉降和淤积,在海岸生态系统中有重要的生态功能,多用于保滩护堤、促淤造陆,较少用于园林观赏。近年来发现生物入侵的情况。

近种、变种及品种：大米草、狐米草。

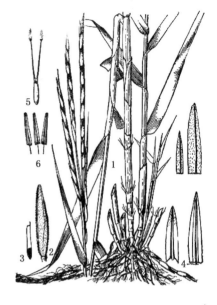

1. 植株；2. 小穗；3. 颖片；4. 稃片；
5. 雌蕊；6. 雄蕊；7. 颖果

90 菰（出隧、绿节、菰菜、茭首、菰笋、菰手、茭笋、茭白）

Zizania latifolia

科属：禾本科 菰属。

株高形态：多年生浅水草本,高 100～200 cm。

识别特征：秆高大直立,具匍匐根状茎。须根粗壮,基部节上生不定根。叶鞘长于其节间,肥厚,有小横脉;叶舌膜质,顶端尖;叶片扁平宽大。圆锥花序,分枝多数簇生,上升,果期开展;雄小穗两侧压扁,带紫色,外稃具 5 脉,内稃具 3 脉;雌小穗圆筒形,着生于花序上部和分枝下方与主轴贴生处。颖果圆柱形,胚小形。

生态习性：适应性强,在陆地上各种水面的浅水区均能生长。适合在光照充足、气候温和、较背风的环境下生长。易于在土壤肥沃但土层不太深的黏土上生长。

园林用途：观赏性水生花卉,园林水景绿化和湿地景观绿化的重要材料。

相近种、变种及品种：水生菰、沼生菰。

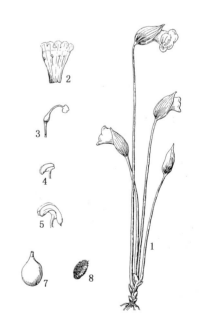

1. 花枝；2. 花冠展开显示的雄蕊；3. 雌蕊；
4、5. 雄蕊；6. 子房纵剖；7. 菰；8. 种子

91 御谷（蜡烛稗、珍珠粟）
Pennisetum glaucum

1. 肉穗花序；2. 第一小花雄性；
3. 第二小花两性；4. 果

科属：禾本科 狼尾草属。

株高形态：一年生草本，高达 200 cm。

识别特征：秆直立，常单生，茎实髓，圆柱形，粗壮。茎节间光滑，淡绿色，节部有毛，每节上方有浅的槽沟，茎表皮坚硬，有的表面有蜡质。茎中部有分枝，多数可结实。叶多为披针形，叶缘有细小的锯齿。颜色从浅黄色、绿色到紫色。穗为紧密的圆柱形、圆锥形或纺锤形。

生态习性：喜温暖湿润气候。对土壤要求不严，各种土壤均可种植。最适沙质土，以土层肥厚、疏松、有机质含量高的土壤为佳。耐旱、抗倒伏，对氮肥特别敏感，增施氮肥后产草量和品质明显提高。

园林用途：御谷植株挺直，叶色丰富，是园林中优良的观叶植物，适合片植于公园、绿地的路边、水岸边、山石边或墙垣等处，也可作为插花材料使用。

相近种、变种及品种：翡翠公主御谷。

92 芦苇（苇、芦、蒹葭）
Phragmites australis

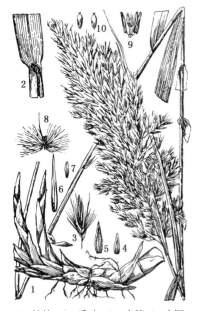

1. 植株；2. 舌叶；3. 小穗；4. 内颖；
5. 外颖；6. 外稃；7. 内稃；8. 小花；
9. 鳞片、雄蕊和雌蕊；10. 颖果

科属：禾本科 芦苇属。

株高形态：多年生水生草本，高100～300 cm，直径 1～4 cm。

识别特征：秆直立，根状茎发达，基部和上部的节间较短，节下被腊粉。叶鞘下部者短于而上部者，长于其节间；叶舌边缘密生一圈短纤毛，两侧缘毛易脱落；叶片披针状线形，无毛，顶端长渐尖成丝形。圆锥花序大型，着生稠密下垂的小穗；内稃两脊粗糙；花药为黄色。

生态习性：耐寒、抗旱、抗高温、抗倒伏能力强，成活率高。易管理，适应性强，生长速度快。

园林用途：芦苇株植高且笔直、梗粗、叶壮。种在公园湖边，开花季节特别美观。生命力强，易管理，适应环境广，生长速度快，具有短期成型、快速成景等优点，是水面绿化、河道管理、净化水质、沼泽湿地、护土固堤、改良土壤之首选，为固堤造陆先锋环保植物。

相近种、变种及品种：花叶芦苇。

93 菖蒲（白菖蒲、藏菖蒲）
Acorus calamus

科属：菖蒲科 菖蒲属。

株高形态：多年生草本,根茎直径5～10 mm。

识别特征：根茎横走,稍扁,分枝,外皮黄褐色,芳香,肉质根多数,具毛发状须根。叶片剑状线形,基部宽、对褶,中部以上渐狭,草质,绿色,光亮;中肋在两面均明显隆起。花序柄三棱形,叶状佛焰苞剑状线形,肉穗花序斜向上或近直立,狭锥状圆柱形。花黄绿色,浆果长圆形,红色。

生态习性：喜冷凉湿润气候,阴湿环境,耐寒,忌干旱。以富含腐殖质的壤土最佳,砂质土壤生育亦良好。

园林用途：园林绿化中常用的水生植物。叶丛翠绿、端庄秀丽,具有香气,适宜水景岸边及水体绿化,丛植于湖、塘岸边,或点缀于庭园水景和临水假山一隅,有良好的观赏价值。也可盆栽观赏或作布景用。

相近种、变种及品种：金钱蒲、唐菖蒲、庭菖蒲、黄菖蒲。

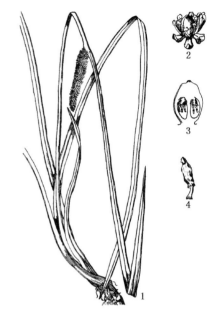

1. 植株；2. 花；3. 子房剖切面；
4. 子房

94 金钱蒲（钱蒲、随手香）
Acorus gramineus

科属：菖蒲科 菖蒲属。

株高形态：多年生草本,高20～30 cm。

识别特征：根茎较短,横走或斜伸,芳香,外皮淡黄色,根肉质,须根密集。根茎上部多分枝,呈丛生状。叶基对折,两侧膜质叶鞘棕色。叶片质地较厚,线形,绿色,极狭,无中肋,平行脉多数。叶状佛焰苞短,为肉穗花序长的1～2倍。肉穗花序黄绿色,圆柱形,果黄绿色。

生态习性：喜湿润,耐寒,不择土壤,适应性较强,忌干旱。喜光又耐荫。

园林用途：金钱蒲叶片挺拔而又不乏细腻,常绿且色彩明亮。可栽于池边、溪边、岩石旁,作林下阴湿地被;也可在全光照下,作为色彩地被。可做花径、花坛的镶边材料。历代文人雅客也常将其做为文房清供来观赏。

相近种、变种及品种：金叶金钱蒲、菖蒲。

1. 植株；2. 植物上半部分及花序；3. 轴向叶面

95 大藻（水白菜、水莲花、大萍叶、水何莲）

Pistia stratiotes

1. 植株；2. 佛焰花序；
3. 佛焰花序纵剖；4. 雄花序

科属：天南星科 大藻属。

株高形态：多年生浮水草本。

识别特征：主茎短缩而叶呈莲座状，从叶腋间向四周分出匍匐茎，茎顶端发出新植株，有白色成束的须根。叶簇生，叶片倒卵状楔形，顶端钝圆而呈微波状，两面都有白色细毛。雌雄同株，繁殖迅速，花序生叶腋间，有短的总花梗，佛焰苞白色，背面生毛。果为浆果。花期6—7月。

生态习性：喜高温、湿润气候，不耐严寒。喜氮肥，在肥水中生长发育快，分株多，产量高。适宜在中性或微碱性水中生长。

园林用途：大藻在园林水景中，常用来点缀水面。庭院小池，植上几丛大藻，再放养数条鲤鱼，可使环境优雅自然，别具风趣。有发达的根系，直接从污水中吸收有害物质和过剩营养物质，净化水体。

相近种、变种及品种：无。

96 泽泻（水泻）

Alisma plantago-aquatica

1. 叶片；2. 内轮花被片；
3. 子房；4. 雄蕊；5. 果实

科属：泽泻科 泽泻属。

株高形态：多年生水生草本，高50～100 cm。

识别特征：地下有块茎，球形，外皮褐色，密生多数须根。叶根生，叶柄基部扩延成中鞘状，叶片宽椭圆形至卵形，先端急尖或短尖，基部广楔形、圆形或稍心形，全缘，两面光滑；叶脉5～7条。花茎由叶丛中抽出，花序通常有3～5轮分枝；花瓣倒卵形；雄蕊6；雌蕊多数。瘦果多数，倒卵形。

生态习性：生于沼泽边缘。喜温暖湿润的气候，幼苗喜荫蔽，成株喜阳光，怕寒冷，在海拔800 m以下地区一般都可栽培。宜选腐殖质丰富而稍带黏性的土壤。

园林用途：泽泻花大，花期较长，可用于花卉观赏。常用于水景园、沼泽园或水池中配植使用。

相近种、变种及品种：东方泽泻、膜果泽泻、草泽泻、窄叶泽泻、小泽泻。

97 **野慈姑**（狭叶慈姑、三脚剪、水芋）

Sagittaria trifolia

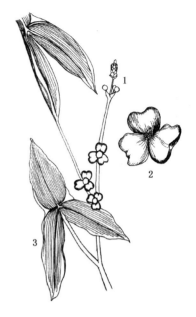

科属：泽泻科 慈姑属。

株高形态：多年生水生植物，高 50～100 cm。

识别特征：泥地生或水生植物，具有地下匍匐茎，匍匐茎的末端为小球茎，圆球形。叶基生，叶片箭形，先端尖锐；花序总状，花 3～5 朵轮生，雌花在下，萼片形花被片反卷，花瓣长于萼，白色，心皮多，聚合成球形；雄花在上，雄蕊多数。瘦果斜倒卵形，背腹均有翅。

生态习性：适应性强，喜光和温暖湿润环境，生长的适宜温度为 20～25℃。适宜在水肥充足的沟渠及浅水中生长，宜肥沃的黏壤土。

园林用途：野慈姑叶形奇特秀美，可数株或数十株种植于河边，与其他水生植物配植布置水面景观，对浮叶型水生植物可起衬景作用。

相近种、变种及品种：慈姑。

1. 果实；2. 花放大；3. 叶片

98 **水鳖**（马尿花、苤菜）

Hydrocharis dubia

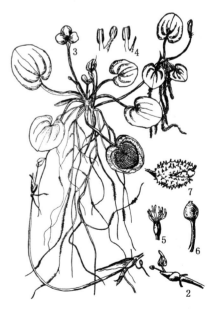

科属：水鳖科 水鳖属。

株高形态：多年生飘浮草本，须根长 30 cm。

识别特征：匍匐茎，具须状根。叶圆状心形全缘，上面深绿色，下面略带红紫色，有长柄。花单性；雄花 2～3 朵；外轮花被片 3，草质；内轮花被片 3，膜质，白色；雄蕊 6～9；雌花单生于苞片内；外轮花被片 3，长卵形；内轮花被片 3，宽卵形，白色；子房下位，6 室；柱头 6，条形，深 2 裂。果实肉质，卵圆形 6 室。种子多数。

生态习性：喜温暖湿润环境，温度的高低对植株的生长会有影响。常生活在河溪，沟渠中。

园林用途：由于叶背有广卵形的泡状贮气组织，用来储存空气，外形象鳖，所以叫水鳖。水鳖的叶片形似心脏，又有心心相连、代表着友谊与爱情长久相伴的含义。适宜在水簇箱中栽培。

相近种、变种及品种：无。

1. 植株；2. 越冬芽萌发；3. 雄花；
4. 雄蕊及退化雄蕊(1、3 轮联合，
2、4 轮联合)；5. 雌花去花萼，花瓣后
的花柱；6. 果实；7. 种子萌发

99 眼子菜

Potamogeton distinctus

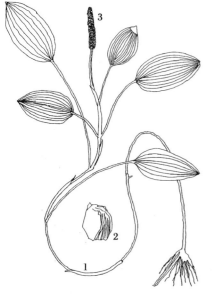

1. 植株；2. 果实侧面观；3. 穗状花序

科属：眼子菜科 眼子菜属。

株高形态：多年生水生草本，根茎直径1.5～2 mm。

识别特征：根茎发达，白色，分枝。浮水叶革质，披针形、宽披针形至卵状披针形，先端尖或钝圆，基部钝圆或有时近楔形，具柄，叶脉多条，顶端连接；沉水叶披针形至狭披针形。穗状花序顶生，具花多轮，开花时伸出水面，花后沉没水中。果实宽倒卵形。花果期5—10月。

生态习性：喜温暖湿润的气候，宜生于地势低洼、长期积水、土壤黏重及池沼、河流浅水处。

园林用途：眼子菜花期较长，可作为观赏花卉。常用于水景园、沼泽园或水池中使用。

相近种、变种及品种：单果眼子菜、崇阳眼子菜、菹草、鸡冠眼子菜、泉生眼子菜。

100 东方香蒲(香蒲)

Typha orientalis

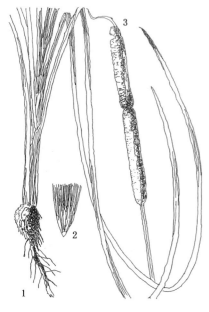

1. 全株；2. 雌花；3. 花序和苞片

科属：香蒲科 香蒲属。

株高形态：多年水生或沼生草本，高 100～200 cm。

识别特征：地下根状茎粗壮，有节；茎直立。叶线形，基部鞘状，抱茎，具白色膜质边缘。穗状花序圆锥状。小坚果有1纵沟。花果期5—8月。

生态习性：喜温暖湿润气候及潮湿环境。以选择向阳、肥沃的池塘边或浅水处栽培为宜。对土壤要求不严，在黏土和砂壤土中均能生长，但以有机质达 2% 以上、淤泥层深厚肥沃的壤土为宜。

园林应用：东方香蒲叶绿，穗奇，常用于点缀园林水池、湖畔，构筑水景，宜做花境、水景背景材料；也可盆栽布置庭院，或作为植物配景材料运用在水体景观设计中。

相近种、变种及品种：宽叶香蒲、普香蒲。

Typha minima

科属：香蒲科 香蒲属。

株高形态：多年生沼生或水生草本,茎高 16～65 cm。

识别特征：根状茎姜黄色或黄褐色,地上茎直立。雌雄花序远离,花序轴无毛;雌花具小苞片;孕性雌花柱头条形,纺锤形;不孕雌花子房倒圆锥形;白色丝状毛先端膨大呈圆形,着生于子房柄基部,或向上延伸,与不孕雌花及小苞片近等长,均短于柱头。花果期 5—8 月。

生态习性：暖温性中湿生牧草,为低温草地植物,抗旱能力差。适宜生长土壤多为砂壤质沼泽土、沼泽化草甸土及低湿的盐化草甸土。

园林应用：小香蒲叶绿,穗奇,常用于点缀园林水池、湖畔,构筑水景。宜做花境、水景背景材料,也可盆栽布置庭院。

相近种、变种及品种：长苞香蒲、水烛、象蒲、达象蒲。

1. 植株；2. 花序

Cyperus alternifolius

科属：莎草科 莎草属。

株高形态：多年生草本,高 30～150 cm。

识别特征：根状茎短,粗大,须根坚硬。秆稍粗壮,近圆柱状,基部包裹以无叶的鞘,鞘棕色。叶顶生为伞状。苞片 20 枚,向四周展开,平展。小坚果椭圆形,褐色。花两性,花果期 8—11 月。

生长习性：性喜温暖、阴湿及通风良好的环境,适应性强,对土壤要求不严格,以保水强的肥沃的土壤最适宜。生长适宜温度为 15～25℃,不耐寒冷。

园林应用：风车草常依水而生,植株茂密丛生,茎杆秀雅挺拔,伞状叶奇特优美,是园林水体造景常用的观叶植物。常配置于溪流岸边、假山石的缝隙中作点缀,别具天然景趣。也是室内良好的观叶植物。除盆栽观赏外,还是制做盆景的材料。

相近种、变种及品种：莎草、长尖莎草。

1. 根状茎；2. 具花序辐射枝；3. 小穗；
4. 鳞片；5. 坚果；6. 雄蕊；7. 雌蕊

水葱

Scirpus tabernaemontani

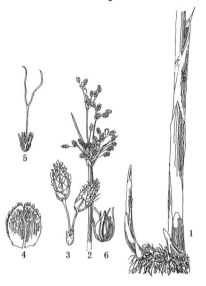

1. 植株的一部分；2. 花序；3. 小辐射枝；
4. 鳞片；5. 花；6. 小坚果

科属：莎草科 藨草属。

株高形态：草本植物，高 100～200 cm。

识别特征：匍匐根状茎粗壮，秆高大，圆柱状。叶片线形。苞片 1 枚，为秆的延长，直立，钻状，常短于花序，极少数稍长于花序；长侧枝聚伞花序简单或复出，假侧生，具 4～13 或更多个辐射枝；辐射枝长可达 5 cm，一面凸，一面凹，边缘有锯齿。小坚果倒卵形或椭圆形。花果期 6—9 月。

生态习性：喜欢较干燥的空气环境，阴雨天过长，易受病菌侵染。怕雨淋，晚上保持叶片干燥。最佳生长温度 15～30℃，10℃ 以下停止生长。能耐低温，北方大部分地区可露地越冬。

园林用途：水葱株形奇趣，株丛挺立，富有特别的韵味，可于水边池旁布置，甚为美观。

相近种、变种及品种：南水葱。

海三棱藨草

Scirpus × *mariqueter*

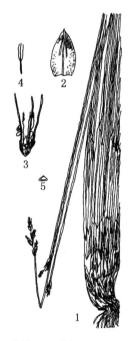

1. 植株；2. 鳞片；3. 小坚果；
4. 花序和柱头；5. 小坚果横切面

科属：莎草科 藨草属。

株高形态：草本植物，高 25～40 cm。

识别特征：具匍匐根状茎和须根。秆散生，三棱形，平滑。通常有叶 2 枚，叶片短于秆，稍坚硬；叶鞘长，深褐色。苞片两枚，一为秆的延长，较小穗长很多，三棱形，另一苞片小，等长或稍长于小穗，扁平，基部扩大；小穗单个，假侧生，无柄，广卵形，具多数花。小坚果倒卵形或广倒卵形，深褐色。花果期 6 月。

生态习性：适应性强，耐盐碱，在全光照或半阴环境下都能生长，目前仅存于长江口盐沼湿地。

园林用途：海三棱藨草常用于点缀园林水池、湖畔，构筑水景。

相近种、变种及品种：薹草、藨草。

105 鸭跖草（碧竹子、翠蝴蝶、淡竹叶）
Commelina communis

科属：鸭跖草科 鸭跖草属。

株高形态：一年生披散草本，高可达 60 cm。

识别特征：草黄绿色，老茎略呈方形，表面光滑，具数条纵棱，叶形为披针形至卵状披针形，叶序为互生，茎为匍匐茎，花朵为聚伞花序，顶生或腋生，雌雄同株，花瓣上面两瓣为蓝色，下面一瓣为白色，花苞呈佛焰苞状，绿色，雄蕊有 6 枚。

生态习性：适应性强，在全光照或半阴环境下都能生长。喜温暖、湿润气候，喜弱光。对土壤要求不高，稍耐寒。

园林用途：鸭跖草具有较好的观赏价值，适合草坪丛植、道旁列植，可用作花坛的边缘镶边材料，可种植于树池、疏旷草地等处，也可用吊盆栽培，进行立体绿化。还可作为室内观赏植物，种植于阳台等光线较好的地方。

相近种、变种及品种：节节草、大叶鸭跖草、大苞鸭跖草、波缘鸭跖草、白花鸭跖草（网籽草）、毛果网籽草。

1. 植株；2. 花

106 紫竹梅（紫鸭跖草、紫竹兰、紫锦草）
Tradescantia pallida 'Purpurea'

科属：鸭拓草科 紫竹梅属。

株高形态：多年生草本，高 20～50 cm。

识别特征：多年生披散草本，茎多分枝，带肉质，紫红色，下部匍匐状，节上常生须根，上部近于直立。叶片槽形，叶长圆状披针形，叶面具暗色脉纹，叶鞘边缘鞘口有睫毛，苞片贝壳状。聚伞花序缩短生枝顶，花淡紫色。

生态习性：喜温暖、湿润的环境，不耐寒，要求光照充足，但忌曝晒。对土壤要求不严，以疏松土壤为宜。

园林用途：紫竹梅整个植株全年呈紫红色，枝或蔓或垂，特色鲜明，具有较高的观赏价值。适合草坪丛植、道旁列植美化。可用作花坛的边缘镶边材料，可种植于树池、疏旷草地等处，也可用吊盆栽培，进行立体绿化。

相近种、变种及品种：无。

1. 植株；2. 花

107 雨久花（浮蔷、蓝花菜、蓝鸟花）

Monochoria korsakowii

科属：雨久花科 雨久花属。

株高形态：多年生水生草本，高30～70 cm。

识别特征：茎直立，根状茎粗壮，具柔软须根。全株光滑无毛，基部有时带紫红色。叶基生和茎生，基生叶宽卵状心形，全缘，具多数弧状脉，叶柄有时膨大成囊状。总状花序顶生；花被片椭圆形，蓝色；雄蕊6枚，花药浅蓝色。蒴果长卵圆形。种子长圆形，有纵棱。花期7—8月，果期9—10月。

生态习性：喜光照充足，稍耐荫蔽。喜温暖，不耐寒，在18～32℃的温度范围内生长良好，越冬温度不宜低于4℃。

园林用途：雨久花花大而美丽，淡蓝色，像只飞舞的鸟。叶色翠绿、光亮、素雅，在园林水景布置中常与其他水生观赏植物搭配使用，单独成片种植效果也好，沿着池边、水体的边缘按照园林水景的要求可成带形或方形栽种。

相近种、变种及品种：箭叶雨久花、鸭舌草。

1. 植株；2. 花；3. 果实；4. 种子

108 凤眼蓝（水葫芦、水浮莲、凤眼莲）

Eichhornia crassipes

科属：雨久花科 凤眼蓝属。

株高形态：浮水草本或根生于泥中，高30～50 cm。

识别特征：茎极短，具长匍匐枝，叶基生，莲座状，宽卵形或菱形，叶柄长短不等。花多数成穗状花序，通常具9～12朵花；花瓣紫蓝色，花冠略两侧对称，四周淡紫红色，中间蓝色，在蓝色的中央有1黄色圆斑，花被片基部合生成筒。蒴果卵形。花期7—10月，果期8—11月。

生态习性：喜欢温暖湿润、阳光充足的环境，适应性很强。适宜水温18～23℃；具有一定耐寒性

园林用途：凤眼蓝蘖枝匍匐于水面。花为多棱喇叭状，花色艳丽美观。叶色翠绿偏深。叶全缘，光滑有质感。须根发达，分蘖繁殖快，管理粗放，是美化环境、净化水质的良好植物。

相近种、变种及品种：无。

1. 植株；2. 花；3. 雄蕊

109 梭鱼草（北美梭鱼草、海寿花）

Pontederia cordata

科属：雨久花科 梭鱼草属。

株高形态：多年生挺水或湿生草本，株高可达150 cm。

识别特征：地茎叶丛生，圆筒形叶柄叶片较大，深绿色，表面光滑，叶形多变，但多为倒卵状披针形。花葶直立，通常高出叶面，穗状花序顶生，每条穗上密密地簇拥着几十至上百朵蓝紫色圆形小花，上方两花瓣各有两个黄绿色斑点，质地半透明。5—10月开花结果。

生态习性：喜温、喜阳、喜肥、喜湿、怕风不耐寒，静水及水流缓慢的水域中均可生长，适宜在15～30℃、20 cm以下的浅水中生长，越冬温度不宜低于5℃。生长迅速，繁殖能力强。

园林用途：梭鱼草叶色翠绿，花色迷人，花期较长，可用于家庭盆栽、池栽，也可广泛用于园林美化，栽植于河道两侧、池塘四周、人工湿地，与千屈菜、花叶芦竹、水葱、再力花等相间种植，具有观赏价值。

相近种、变种及品种：无。

1. 植株；2. 胚珠；3. 果实横切面；4. 花枝；
5. 雌蕊；7. 被花被覆盖的果实；8. 花被和开放的雄蕊；9. 果实纵切面；10. 胚胎

110 灯芯草（灯心草、水灯花、水灯心）

Juncus effusus

科属：灯心草科 灯心草属。

株高形态：多年生草本，高40～100 cm。

识别特征：根状茎横走，密生须根。茎簇生，低出叶鞘状。花序假侧生，聚伞状，多花，密集或疏散。蒴果矩圆状，3室，顶端钝或微凹，长约与花被等长或稍垂。种子褐色。花期5—6月，果期6—7月。

生态习性：常生长在沼泽、池塘、溪流等湿地附近，或水分条件较充足的地方。

园林用途：灯芯草，多年生湿生草本植物。主要用于水体与陆地接壤处的绿化，也可用于盆栽观赏。

相近种、变种及品种：片髓灯心草、野灯心草。

1. 植株；2. 具未成熟果实的花；
3. 花被片和雄蕊；4. 种子

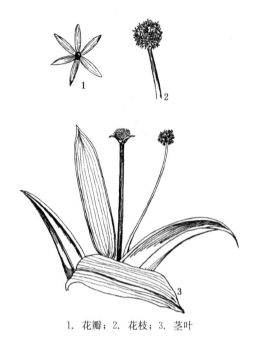

111 大花葱（硕葱）

Allium giganteum

1. 花瓣；2. 花枝；3. 茎叶

科属：百合科 葱属。

株高形态：多年生球根花卉，高 50～80 cm。

识别特征：鳞茎球形或半球形，具白色膜质外皮。叶近基生，叶片倒披针形，灰绿色。花葶自叶丛中抽出，头状花序硕大，由 2 000～3 000 余小花组成，小花紫色。种子球形，坚硬，黑色。花期 5—6 月。

生态习性：喜凉爽、阳光充足的环境，忌湿热多雨，忌连作、半阴。要求疏松肥沃的沙壤土，忌积水，适合我国北方地区栽培。

园林用途：大花葱花茎健壮挺拔，花色艳丽，花形奇特，管理简便，很少病虫害，是花径、岩石园或草坪旁装饰和美化的品种。

相近种、变种及品种：大葱。

112 天门冬（天冬草、三百棒、丝冬、老虎尾巴根）

Asparagus cochinchinensis

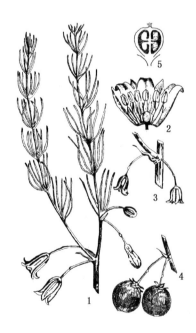

1. 枝条；2. 花，已剖开；3. 花着生情况；4. 果；5. 果纵切面

科属：天门冬科 天门冬属。

株高形态：多年生草本，高 80～120 cm。

识别特征：攀缘植物，地下有簇生纺锤形肉质块根；绿色线形叶状枝代替叶的功能。茎基部木质化，多分枝丛生下垂。叶式丛状扁形似松针，绿色有光泽，花多白色，花期 6—8 月，果实绿色，成熟后红色，球形种子黑色。

生态习性：性喜温暖湿润的环境，喜阳，也较耐阴，不耐旱。适生于疏松、肥沃、排水良好的砂质壤土中。生长适温为 15～25℃，越冬温度为 5℃。

园林用途：天门冬植株生长茂密，茎枝呈丛生下垂，株形美观；其枝叶纤细嫩绿，悬垂自然洒脱，是广为栽培的室内观叶植物。除了作为室内盆栽外，还是布置会场、花坛边缘镶边的材料，同时也是切花瓶插的理想配衬材料。

相近种、变种及品种：长花天门冬、大理天门冬、滇南天门冬、短梗天门冬、石子柏。

113* 蜘蛛抱蛋（一叶青、一叶兰、箬叶）
Aspidistra elatior

1. 植株；2. 花；3. 柱头

科属：百合科 蜘蛛抱蛋属。

株高形态：多年生宿根草本，茎直径 5～10 mm。

识别特征：根状茎近圆柱形，具节和鳞片。叶单生，矩圆状披针形、披针形至近椭圆形，先端渐尖，基部楔形，边缘多少皱波状，两面绿色，有时稍具黄白色斑点或条纹；叶柄明显、粗壮。花被钟状，外面带紫色或暗紫色，内面下部淡紫色或深紫色。

生态习性：性喜温暖、湿润的半阴环境。耐阴性极强，比较耐寒，不耐盐碱，不耐瘠薄、干旱，怕烈日暴晒。适宜生长在疏松、肥沃和排水良好的沙壤土中。

园林用途：蜘蛛抱蛋叶形挺拔整齐，叶色浓绿光亮，姿态优美、淡雅，长势强健，适应性强，极耐阴，是优良喜阴观叶植物。适于家庭及办公室布置摆放，还是现代插花的配叶材料。

相近种、变种及品种：流苏蜘蛛抱蛋、九龙盘、卵叶蜘蛛抱蛋。

114 玉竹（萎、地管子、尾参、铃铛菜）
Polygonatum odoratum

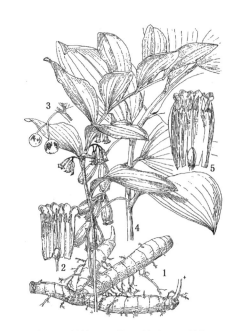

玉竹：1. 植株；2. 花，已剖开；3. 果序；
毛筒玉竹：4. 植株的一部分；5. 花，已剖开

科属：天门冬科 黄精属。

株高形态：多年生宿根草本，株高 30～60 cm。

识别特征：根状茎圆柱形。叶互生，椭圆形至卵状矩圆形，先端尖，下面带灰白色，下面脉上平滑至呈乳头状粗糙。花序具1～4花；花被黄绿色至白色，花被筒较直；花丝丝状，近平滑至具乳头状突起。浆果蓝黑色，具 7～9 颗种子。

生态习性：耐寒、耐阴湿，忌强光直射与多风。宜生于凉爽、湿润、无积水的山野疏林或灌丛中。喜地土层深厚，富含砂质和腐殖质的土壤。

园林用途：玉竹叶挺拔，花钟形下垂，清雅可爱。在园林中宜植于林下或林缘作为观赏的地被植物，或用于花境使用。

相近种、变种及品种：湘玉竹、海门玉竹、西玉竹、关玉竹、江北玉竹。

115 火炬花(红火棒、火把莲)

Kniphofia uvaria

1. 植株；2. 花序

科属：百合科 火把莲属。

株高形态：多年生草本，株高 80～120 cm。

识别特征：茎直立。叶丛生、草质、剑形。通常在叶片中部或中上部开始向下弯曲下垂，很少有直立；总状花序着生数百朵筒状小花，呈火炬形，花冠橘红色。蒴果黄褐色。种子棕黑色。花期 6—10 月，果期 9 月。

生态习性：喜温暖与阳光充足环境，对土壤要求不严，但以腐殖质丰富、排水良好的壤土为宜，忌雨涝积水，生长强健、耐寒。

园林用途：火炬花花形、花色犹如燃烧的火把，点缀于翠叶丛中，具有独特的园林风韵。在园林绿化布局中常用于路旁、街心花园、成片绿地中，成行成片种植；也有在庭院、花境中作背景栽植或作点缀丛植。一些大型花品种的花枝可用于切花。

相近种、变种及品种：无。

116 紫娇花(野蒜、非洲小百合)

Tulbaghia violacea

1，2. 部分花茎花序；3. 鳞茎和部分花序；
4. 花序；5. 花被片下部彼此粘合成被管

科属：百合科 紫娇花属。

株高形态：多年生球根花卉，高 30～60 cm。

识别特征：植株具圆柱形小鳞茎，成株丛生状。花茎直立。伞形花序球形，具多数花，花被粉红色，花被片卵状长圆形，基部稍结合，先端钝或锐尖，背脊紫红色。

生态习性：喜光，栽培处全日照、半日照均理想，但不宜蔽荫。喜高温，耐热，生育适温 24～30℃。对土壤要求不严，耐贫瘠。

园林用途：紫娇花叶丛翠绿，花朵俏丽，花瓣肉质，花期长，是夏季难得的花卉；适宜作花境中景，或作地被植于林缘或草坪中。也是良好的切花花卉。

相近种、变种及品种：无。

117 玉簪（白萼、白鹤仙）

Hosta plantaginea

科属： 天门冬科 玉簪属。

株高形态： 多年生宿根草本，高 30～50 cm。

识别特征： 根状茎粗厚。叶卵状心形、卵形或卵圆形，先端近渐尖，基部心形，具 6～10 对侧脉。花葶具几朵至十几朵花；花单生或 2～3 朵簇生，白色，芬香。蒴果圆柱状。花果期 8—10 月。

生态习性： 性强健，耐寒冷，性喜阴湿环境，不耐强烈日光照射，要求土层深厚，排水良好且肥沃的砂质壤土。

园林用途： 玉簪叶色苍翠娇莹，花苞似簪，色白如玉，清香宜人，是良好的观叶观花地被植物，也是中国古典庭园中重要花卉之一。现代庭园，多培植于林下草地、岩石园或建筑物背面，正是"玉簪香好在，墙角几枝开"。因花夜间开放，芳香浓郁，是夜花园中不可缺少的花卉。还可以盆栽布置室内及廊下。

相近种、变种及品种： 狭叶玉簪、紫萼、白萼。

紫萼：1. 植株下部；2. 花序；3. 花，已剖开；
玉簪：4. 花序；
东北玉簪：5. 叶；6. 花

118 萱草（黄花菜、金针菜、川草花、忘郁、丹棘）

Hemerocallis fulva

科属： 百合科 萱草属。

株高形态： 多年生草本，高 40～80 cm。

识别特征： 根近肉质，中下部有纺锤状膨大。叶基生成丛，条状披针形。圆锥花序顶生，有花 6～12 朵，花早上开晚上凋谢，无香味，桔红色至桔黄色，内花被裂片下部一般有∧形彩斑。花果期为 5—7 月。

生态习性： 性强健，耐寒，华北可露地越冬。适应性强，喜湿润也耐旱，喜阳光又耐半阴。对土壤选择性不强，但以富含腐殖质，排水良好的湿润土壤为宜。

园林用途： 萱草花色鲜艳，栽培容易，且春季萌发早，绿叶成丛极为美观。园林中多丛植或于花境、路旁栽植。萱草类耐半阴，又可作为疏林地被植物。

相近种、变种及品种： 黄花萱草、小黄花菜、长管萱草、重瓣萱草。

小黄花菜：1. 植株下部；2. 花序；3. 果实；
萱草：4. 植株下部；5. 花序

119 山麦冬（大麦冬、土麦冬、麦门冬、鱼子兰）

Liriope spicata

山麦冬：1. 植株；2. 花；
阔叶山麦冬：3. 植株；4. 花

科属：百合科 山麦冬属。

株高形态：多年生草本，叶长 25～60 cm。

识别特征：须根中部有膨大呈纺锤形的肉质块根。根状茎短粗，具地下横生茎。叶线形、丛生，稍革质，基部渐狭并具褐色膜质鞘。花葶自叶丛中抽出，总状花序，花淡紫色或近白色。浆果圆形，蓝黑色。花期5—7月，果期8—10月。

生态习性：喜阴湿，忌阳光直射。对土壤要求不严，以湿润肥沃为宜。在长江流域终年常绿，北方地区可露地越冬，但叶枯萎，次年重发新叶。生于海拔50～1 400 m的山坡、山谷林下、路旁或湿地。

园林用途：山麦冬可作为地被植物，也适于盆栽装饰室内环境。

相近种、变种及品种：麦冬、阔叶山麦冬。

120 麦冬（麦门冬、矮麦冬、狭叶麦冬、小麦冬、书带草）

Liriope japonicus

1. 植株；2. 花序；3. 花；4. 果序

科属：百合科 沿阶草属。

株高形态：多年生草本，叶长 10～50 cm。

识别特征：根较粗，常膨大成椭圆形、纺锤形的小块根。地下匍匐茎细长。叶基生成密丛，禾叶状，具3～7条脉。总状花序，具8～10朵花；花被片6，披针形，顶端急尖，白色或淡紫色。种子球形。花期5—8月，果期8—9月。

生态习性：喜温暖湿润、降雨充沛的气候条件，最适生长气温15～25℃，生长过程中需水量大，光照充足。宜于土质疏松、肥沃湿润、排水良好的微碱性砂质壤土。

园林用途：麦冬具有很高的绿化价值，它有常绿、耐阴、耐寒、耐旱、抗病虫害等多种优良性状，园林绿化方面应用前景广阔。块根为常用中药"麦冬"，为缓和滋养强健药。

相近种、变种及品种：银边麦冬、金边阔叶麦冬、黑麦冬。

121 沿阶草(绣墩草)

Ophiopogon bodinieri

科属：百合科 沿阶草属。

株高形态：多年生草本，叶长 20～40 cm。

识别特征：根纤细，近末端处有时具小块根；地下走茎长，节上具膜质的鞘。叶基生成丛，禾叶状，先端渐尖，边缘具细锯齿。花葶较叶稍短或几等长，总状花序，具几朵至十几朵花；花被片卵状披针形、或近矩圆形，白色或稍带紫色。种子近球形或椭圆形。

生长习性：具有较强的耐热性、耐湿性、耐荫性，沿阶草根系发达，能储存大量的水分和营养物质。叶片具有蜡质保护层，其耐旱性也极强。

园林应用：沿阶草长势强健，耐阴性强，植株低矮，根系发达，覆盖效果较快，是一种良好的地被植物，可成片栽于风景区的阴湿空地和水边湖畔做地被植物。叶色终年常绿，花葶直挺，花色淡雅，能作为盆栽观叶植物。

相近种、变种及品种：矮小沿阶草。

1. 植株；2. 花

122 吉祥草(松寿兰、小叶万年青、竹根七、蛇尾七)

Reineckia carnea

科属：百合科 吉祥草属。

株高形态：多年生草本，高约 20 cm。

识别特征：常绿草本。茎蔓延于地面，逐年向前延长或发出新枝，每节上有一残存的叶鞘，顶端的叶簇由于茎的连续生长，有时似长在茎的中部。叶每簇有 4～8 枚，条形至披针形，先端渐尖，向下渐狭成柄，深绿色。顶生穗状花序，淡紫色。浆果熟时鲜红色。花果期 7～11 月。

生态习性：喜温暖、湿润的环境，较耐寒耐阴，对土壤的要求不高，适应性强，以排水良好肥沃壤土为宜。多生于阴湿山坡、山谷或密林下。

园林用途：吉祥草株形优美，叶色青翠，是非常好的家庭装饰花卉。在印度，自古被看成是神圣的草，是宗教仪式中不可缺少之物。

相近种、变种及品种：散斑竹根七。

铃兰：1. 植株；2. 果序；3. 花，已切除部分花被
吉祥草：4. 植株；5. 花；6. 花，已切除部分花被

123 风信子（洋水仙、西洋水仙、五色水仙）
Hyacinthus orientalis

1. 植株

株高形态：多年生球根草本，花葶高 15～45 cm。

识别特征：鳞茎卵形，有膜质外皮，皮膜颜色与花色成正相关。叶 4～9 枚，狭披针形，肉质，基生，肥厚，绿色有光。总状花序；小花 10～20 朵密生上部，多横向生长，少有下垂，漏斗形，花被筒形，花冠漏斗状，基部花筒较长，裂片 5 枚，向外侧下方反卷，浅紫色，具芳香。蒴果。花期早春，自然花期 3—4 月。

生态习性：喜阳光充足和比较湿润的生长环境，要求排水良好和肥沃的沙壤土。

园林用途：植株低矮整齐，花序端庄，花色丰富，花姿美丽，是早春开花的著名球根花卉之一，也是重要的盆花种类。适于布置花坛、花境和花槽，也可作切花、盆栽或水养观赏。

相近种、变种及品种："安娜·玛丽""粉珍珠""德比夫人""马科尼""卡内基""红色火箭"等品种。

124 郁金香（红蓝花、紫述香、草麝香、郁香、荷兰花）
Tulipa gesneriana

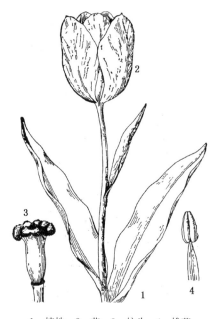

1. 植株；2. 花；3. 柱头；4. 雄蕊

科属：百合科 郁金香属。

株高形态：多年生球根草本，株高 30～40 cm。

识别特征：具鳞茎的多年生草本。鳞茎外有多层干的薄革质或纸质的鳞茎皮，褐色内面有伏贴毛或柔毛。茎扭少分枝，直立。叶通常 2～4 枚，条形、长披针形或长卵形。花单朵顶生，大型而艳丽；花被片色多。6 枚雄蕊等长，花丝无毛；无花柱，柱头增大呈鸡冠状。花期 4—5 月。

生态习性：属长日照花卉，性喜阳光充足、冬季温暖湿润、夏季凉爽干燥的气候，耐寒性很强。要求疏松肥沃、排水良好的微酸性沙质壤土，忌碱土和连作。

园林用途：重要的春季球根花卉，宜作切花或布置花坛、花境，也可丛植于草坪上、落叶树的树荫下。中、矮性品种可盆栽。在园林中多用于布置花坛或成片用于草坪、树林、水边，形成整体色块景观。

相近种、变种及品种：伊犁郁金香、准葛尔郁金香。

125 百子莲（紫君子兰、蓝花君子兰、非洲百合）

Agapanthus praecox

科属：石蒜科 百子莲属。

株高形态：多年生宿根草本，高可达 60 cm。

识别特征：宿根草本，具短缩根状茎和粗绳状肉质根。叶片二列状基生，舌状带形，形似君子兰。花茎直立，顶生伞形花序，有花 10～50 朵，花漏斗状，深蓝色或白色，花药最初为黄色，后变成黑色。花期7—8 月。

生态习性：喜温暖、湿润和阳光充足环境。要求夏季凉爽、冬季温暖。要求疏松、肥沃的砂质壤土，切忌积水。

园林用途：百子莲叶丛浓绿、光亮，花色淡雅，适宜盆栽和布置花径、花坛，亦可作切花、插瓶之用，是装饰美化的好材料。

相近种、变种及品种：无。

1. 花；2. 叶

126 朱蕉（三色铁、朱竹、铁莲草、红叶铁树、红铁树）

Cordyline fruticosa

科属：龙舌兰科 朱蕉属。

株高形态：直立灌木植物，高 100～300 cm。

识别特征：茎有时稍分枝。叶聚生于茎或枝的上端，绿色或带紫红色，叶柄有槽，抱茎。圆锥花序侧枝基部有大的苞片；花淡红色、青紫色至黄色；花梗通常很短；外轮花被片下半部紧贴内轮而形成花被筒，上半部在盛开时外弯或反折；雄蕊生于筒的喉部，稍短于花被；花柱细长。花期 11 月至次年 3 月。

生态习性：性喜高温多湿气候，属半阴植物，要求富含腐殖质和排水良好的酸性土壤，忌碱土，不耐旱。

园林用途：朱蕉株形美观，色彩华丽高雅，具有较好的观赏性。可用于庭园栽培，也可盆栽用于室内装饰。是布置室内场所的常用植物。

相近种、变种及品种：亮叶朱蕉。

虎尾兰：1. 植株；
朱蕉：2. 植株

127　水鬼蕉（美洲水鬼蕉、蜘蛛兰、蜘蛛百合）
Hymenocallis littoralis

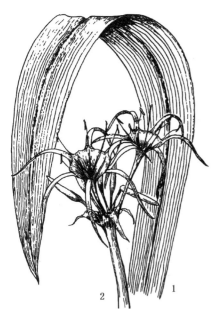

1. 叶片；2. 花序

科属：石蒜科　水鬼蕉属。

株高形态：多年生鳞茎草本，高 40～80 cm。

识别特征：叶基生，叶 10～12 枚，长 45～75 cm，剑形，顶端急尖，深绿色，多脉，无柄。花葶硬而扁平，实心；伞形花序，3～8 朵小花着生于茎顶，白色；花被管纤细，长短不等，花被裂片线形，通常短于花被管；杯状体（雄蕊杯）钟形或阔漏斗形，有齿。花期夏末秋初。

生态习性：喜阳光，喜温暖湿润，不耐寒；喜肥沃的土壤。

园林用途：水鬼蕉叶姿健美，花形似蜘蛛，独特而美丽。适合盆栽观赏，也可在温暖地区用于庭院布置或花境、花坛用材。

相近种、变种及品种：文殊兰。

128　石蒜（蟑螂花、龙爪花、彼岸花）
Lycoris radiata

1. 鳞茎；2. 花序；3. 叶

科属：石蒜科　石蒜属。

株高形态：多年生球根花卉，高 50 cm。

识别特征：鳞茎近球形，秋季出叶，叶狭带状，顶端钝，深绿色，中间有粉绿色带。花茎高约 30 cm；总苞片 2 枚，披针形；伞形花序有花 4～7 朵，花鲜红色；花被裂片狭倒披针形，强度皱缩和反卷；雄蕊显著伸出于花被外，比花被长 1 倍左右。花期 7—9 月。

生长习性：适应性强，较耐寒。对土壤要求不严，以富有腐殖质的偏酸性土壤和阴湿而排水良好的环境为好。

园林应用：东亚常见观赏植物，冬赏其叶，秋赏其花，是优良宿根草本花卉，常用作背阴处绿化或林下地被花卉，花境丛植或山石间自然式栽植。因其开花时无叶，所以应与其他较耐阴的地被搭配。可作花坛或花径材料，亦是美丽的切花。

相近种、变种及品种：换锦花、鹿葱、忽地笑、玫瑰石蒜、香石蒜。

129 换锦花

Lycoris sprengeri

科属：石蒜科 石蒜属。

株高形态：多年生球根花卉,高约 60 cm。

识别特征：鳞茎卵形。早春出叶,叶带状,绿色,顶端钝。总苞片 2 枚;伞形花序有花 4~6 朵;花淡紫红色,花被裂片顶端常带蓝色,倒披针形,边缘不皱缩;花被筒长 1~1.5 cm;雄蕊与花被近等长。蒴果具三棱。花期 8—9 月。

生态习性：喜光照充足、潮湿的环境,但也能耐半阴和干旱环境,稍耐寒,生命力颇强,对土壤无严格要求,如土壤肥沃且排水良好,则花格外繁盛。

园林用途：换锦花可做林下地被花卉,花境丛植或山石间自然式栽植。因其开花时光叶,所以应与其他较耐阴的草本植物搭配为好。有花葶健壮,花茎长等特点,是理想的切花材料。

相近种、变种及品种：乳白石蒜、安徽石蒜、忽地笑。

1. 鳞茎; 2. 叶; 3. 花序

130 忽地笑（黄花石蒜、铁色箭）

Lycoris aurea

科属：石蒜科 石蒜属。

株高形态：多年生球根花卉,高约 60 cm。

识别特征：鳞茎卵形。秋季出叶,叶剑形,顶端渐尖,中间淡色带明显。花总苞片 2 枚,披针形,伞形花序有花 4~8 朵;花黄色;花被裂片背面具淡绿色中肋,倒披针形,强度反卷和皱缩;雄蕊略伸出于花被外,比花被长 1/6 左右,花丝黄色。蒴果具三棱;种子近球形,黑色。花期 8—9 月。

生态习性：喜阳光、潮湿环境,如阴湿山坡、岩石及石崖下,但也能耐半阴和干旱环境,稍耐寒,生命力颇强,对土壤无严格要求,尤喜肥沃且排水良好的土壤。

园林用途：忽地笑可做林下地被花卉,花境丛植或山石间自然式栽植。因其开花时光叶,所以应与其他较耐阴的草本植物搭配为好。

相近种、变种及品种：换锦花、短蕊石蒜、鹿葱、玫瑰石蒜。

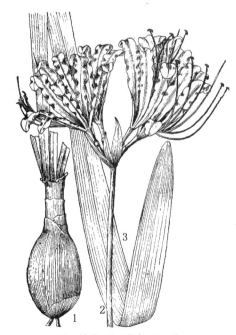

1. 鳞茎; 2. 花序; 3. 叶

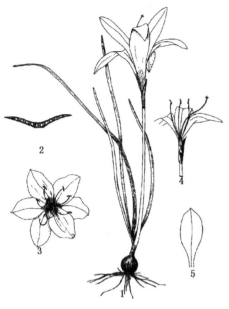

131 葱莲（玉帘、葱兰）

Zephyranthes candida

科属：石蒜科 葱莲属。

株高形态：多年生草本，长 20～30 cm。

识别特征：鳞茎卵形。叶狭线形，肥厚亮绿色。花茎中空；花单生于花茎顶端，下有带褐红色的佛焰苞状总苞，总苞片顶端2裂；花白色，外面常带淡红色；几无花被管，花被片 6；雄蕊 6，长约为花被的 1/2；花柱细长。蒴果近球形；种子黑色，扁平。

生长习性：喜阳光充足，耐半阴与低湿，宜肥沃、带有黏性而排水好的土壤。较耐寒，在长江流域可保持常绿，0℃ 以下亦可存活较长时间。

园林应用：葱莲植株低矮、终年常绿、花朵繁多、花期长，繁茂的白色花朵高出叶端，在丛丛绿叶的烘托下，异常美丽，花期给人以清凉舒适的感觉。适用于林下、林缘或半阴处作园林地被植物，也可作花坛、花径的镶边材料，在草坪中成丛散植，可组成缀花草坪。也可盆栽供室内观赏。

相近种、变种及品种：韭莲。

1. 鳞茎；2. 叶片横切；3. 花；
4. 去花被示雌雄蕊；5. 花瓣

132 射干（交剪草、野萱花）

Belamcanda chinensis

科属：鸢尾科 射干属。

株高形态：多年生草本，株高 50～110 cm。

识别特征：根状茎为不规则的块状，黄褐色；须根多数。茎直立，实心。叶基生，2 列互生，宽剑形，扁平，稍被白粉。花序顶生，叉状分枝，每分枝的顶端聚生有数朵花；花橙红色，散生紫褐色的斑点；花被裂片 6，2 轮排列，外轮花被裂片倒卵形或长椭圆形，内轮较外轮花被裂片略短而狭。蒴果倒卵形或长椭圆形；种子圆球形，黑紫色。花期 6—8 月，果期 7—9 月。

生态习性：喜温暖和光，耐干旱和寒冷，对土壤要求不严，山坡旱地均能栽培，以肥沃疏松、地势较高、排水良好的中性壤土或微碱性沙质壤土为好。

园林用途：射干花色多样，花形飘逸，有趣味性，仲夏季节，花开不绝，是布置花境、花坛和作切花的材料。

相近种、变种及品种：唐菖蒲、肖鸢尾。

1. 带根状茎植株下部；2. 花枝；
3. 雌蕊；4. 果实；5. 开裂的蒴果

133 **番红花**（藏红花、西红花）
Crocus sativus

科属：鸢尾科 番红花属。

株高形态：多年生球根花卉，高 15～20 cm。

识别特征：球茎扁圆球形，外有黄褐色的膜质包被。叶基生，9～15 枚，条形，灰绿色，边缘反卷；叶丛基部包有 4～5 片膜质的鞘状叶。花茎甚短，不伸出地面；花 1～2 朵，淡蓝色、红紫色或白色，有香味，花柱橙红色，柱头略扁。蒴果椭圆形。10 月下旬开花，花朵日开夜闭。

生态习性：喜冷凉湿润和半阴环境，较耐寒，宜排水良好、腐殖质丰富的沙壤土。球茎夏季休眠，秋季发根、萌叶。

园林用途：番红花叶丛纤细刚幼，花朵娇柔优雅，花色多样，味芳香，是点缀花坛和布置岩石园的好材料；因株形极为矮小，性又耐寒，也可盆栽或水养作为秋植花卉用于室内装点。

相近种、变种及品种：白番红花。

1. 植株

134 **马蔺**（马莲、马兰、马兰花、蠡实）
Iris lactea

科属：鸢尾科 鸢尾属。

株高形态：多年生草本，高 10～30 cm。

识别特征：根状茎粗壮，须根稠密发达。叶基生，坚韧，灰绿色，条形或狭剑形。花为浅蓝色、蓝色或蓝紫色，花被上有较深色的条纹，花茎光滑，苞片 3～5 枚。蒴果长椭圆状柱形，种子为不规则多面体，棕褐色。花期 5—6 月，果期 6—9 月。

生态习性：喜阳光、稍耐阴，华北地区冬季地上茎叶枯萎。耐高温、干旱、水涝、盐碱，是一种适应性极强的地被花卉。

园林用途：马蔺根系发达，叶量丰富，对环境适应性强，长势旺盛，管理粗放，是节水、抗旱、耐盐碱、抗杂草、抗病、虫害的优良观赏地被植物。适用于城市开放绿地、道路两侧绿化隔离带和缀花草地等区域。又因其根系十分发达，抗旱能力、固土能力强，是作为水土保持和固土护坡的理想植物。

相近种、变种及品种：白花马蔺、细叶鸢尾、矮鸢尾。

1. 带根状茎植株；2. 果枝

黄菖蒲（黄鸢尾）

Iris pseudacorus

乌苏里鸢尾：1. 带花枝植株上部；
黄菖蒲：2. 花枝

科属：鸢尾科 鸢尾属。

株高形态：多年生草本，株高 50～100 cm。

识别特征：根状茎粗壮，黄褐色；须根黄白色，有皱缩的横纹。基生叶灰绿色，宽剑形，顶端渐尖，基部鞘状，色淡，中脉较明显。花茎粗壮，有明显的纵棱，上部分枝；苞片 3～4 枚，膜质，绿色，披针形；花黄色。花期 5 月、果期 6—8 月。

生态习性：适应性强，喜光耐半阴，耐旱也耐湿，砂壤土及黏土都能生长，在水边栽植生长更好。

园林用途：黄菖蒲叶片翠绿如剑，花色艳丽而大型，可布置于园林中的池畔河边的水湿处或浅水区，既可观叶，亦可观花，是观赏价值很高的水生植物。如点缀在水边的石旁岩边，更是风韵优雅，清新自然。

相近种、变种及品种：马蔺、花菖蒲、燕子花、溪荪、西伯利亚鸢尾、路易斯安娜鸢尾、乌苏里鸢尾、小黄花鸢尾。

芭蕉（甘蕉、天苴、板蕉、牙蕉、大头芭蕉、芭蕉头、芭苴）

Musa basjoo

1. 叶柄；2. 花序；3. 种子；
4. 叶片；5. 花

科属：芭蕉科 芭蕉属。

株高形态：多年生高大草本，高 400～800 cm。

识别特征：叶片长圆形，先端钝，基部圆形或不对称，叶面鲜绿色，有光泽；叶柄粗壮。花序顶生，下垂；苞片红褐色或紫色；雄花生于花序上部，雌花生于花序下部。浆果三棱状，长圆形，具 3～5 棱，内具多数种子。种子黑色。

生态习性：喜温暖，耐寒力弱，茎分生能力强，耐半阴，适应性较强，生长较快。最宜疏松、肥沃、透气性良好的土壤生长。

园林用途：芭蕉植株清雅秀丽，叶大而宽，是中国古典园林中最常见的园林植物。可丛植于庭前屋后、窗前院落，也可与其他植物组合成景。芭蕉、竹二者生长习性、地域分布、物色神韵颇为相近，有"双清"之称，是最为常见的配植组合。

相近种、变种及品种：香蕉。

137 姜花（蝴蝶花、白草果、峨眉姜花）

Hedychium coronarium

科属：姜花科 姜花属。

株高形态：多年生草本，高 100～200 cm。

识别特征：叶片矩圆状披针形或披针形，下面被短柔毛；无柄。穗状花序，苞片卵圆形，复瓦状排列，每一苞片内有花 2～3 朵，花冠白色，裂片披针形，后方的 1 枚兜状，顶端具尖头；唇瓣倒心形，长和宽约 6 cm，顶端 2 裂；花丝长 3 cm；子房被绢毛。花期 8—12 月。

生态习性：喜温暖湿润、阳光充足、雨量充沛的环境，不耐寒，怕干旱积水。在微酸性的肥沃沙质壤土中生长良好。

园林用途：姜花花色美丽，味芳香，是盆栽和切花的好材料。可配植于小庭院内，十分幽雅耐看。其花可食，是一种新兴的绿色保健食用蔬菜。在园林中可片植、条植或丛植于庭院、路边溪旁等处，开花期间如蝴蝶翩翩起舞，无花时则绿意盎然。

相近种、变种及品种：红姜花、黄姜花、碧江姜花。

1. 植株；2. 花枝；3、4. 雄蕊；5. 子房纵切面

138 美人蕉（红艳蕉、小花美人蕉、小芭蕉）

Canna indica

科属：美人蕉科 美人蕉属。

株高形态：多年生宿根草本，高可达 150 cm。

识别特征：叶片卵状长圆形。总状花序疏花，略超出于叶片之上；花红色，单生；苞片卵形，绿色；萼片 3，披针形，绿色而有时染红；花冠裂片披针形，绿色或红色；外轮退化雄蕊 3～2 枚，鲜红色，其中 2 枚倒披针形；唇瓣披针形，弯曲。蒴果绿色长卵形。花果期 3—12 月。

生态习性：喜温暖湿润气候和充足的阳光，不耐寒。性强健，适应性强，对土壤要求不严，在疏松肥沃、排水良好的沙土壤中生长最佳。

园林应用：美人蕉花大色艳、色彩丰富，株形好，栽培容易，且现在培育出许多优良品种，观赏价值很高，可盆栽，也可地栽，常用于装饰花坛。

相近种、变种及品种：红花美人蕉、黄花美人蕉、双色鸳鸯美人蕉。

1. 花枝；2. 花；3. 果

139 水竹芋（再力花）
Thalia dealbata

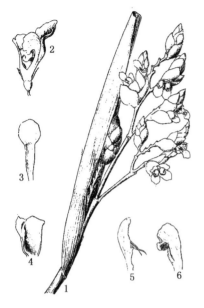

1. 脂膜；2. 花；3. 退化雄蕊外部；
4. 退化雄蕊胼胝体；5. 退化雄蕊；6. 花蕊

科属：竹芋科 再力花属。

株高形态：多年生挺水草本，株高 100～250 cm。

识别特征：根茎出叶，叶鞘抱茎。叶基生，4～6 片；叶柄较长，下部鞘状，基部略膨大，红褐色或淡黄褐色；叶片卵状披针形至长椭圆形，硬纸质，浅灰绿色，边缘紫色，全缘；叶背表面被白粉，叶腹面具稀疏柔毛。复穗状花序，生于由叶鞘内抽出的总花梗顶端，花茎细长，小花紫红色，苞片粉白色。

生态习性：喜温暖水湿、阳光充足环境，不耐寒冷和干旱，耐半阴，在微碱性的土壤中生长良好。最适生长温度为 20～30℃。

园林用途：再力花植株形态优雅飘逸，叶色翠绿可爱，花期长，是水景绿化中具有较高观赏价值的挺水花卉。还有净化水质的作用，常成片种植于水池或湿地，也可盆栽观赏或种植于庭院水体景观中。

相近种、变种及品种：垂花水竹芋、红鞘再力花、竹芋。

140 绶草（盘龙参）
Spiranthes sinensis

1. 全株；2. 花；
3. 中萼片、花瓣、侧萼片和唇瓣

科属：兰科 绶草属。

株高形态：多年生宿根草本，株高 13～30 cm。

识别特征：根数条，指状，肉质，簇生于茎基部。茎较短，近基部生 2～5 枚叶。叶片宽线形或宽线状披针形，直立伸展。花雌雄同株，总状花序具多数密生的花，呈螺旋状扭转；花苞片卵状披针形；花小，紫红色、粉红色或白色，在花序轴上呈螺旋状排生；花瓣斜菱状长圆形；唇瓣宽长圆形，唇瓣基部凹陷呈浅囊状。花期 7—8 月。

生态习性：性喜阴，忌阳光直射，喜湿润且空气流通的环境，忌干燥。喜富含腐殖质的、微酸性的松土或含铁质的、排水性能好的砂质壤土。

园林用途：绶草花序犹如古代常用来拴在印纽上绶带一般，故得名。植株形态挺直秀丽，花形姿态优美而独特，适用于园林绿地种植或盆栽观赏。

相近种、变种、及品种：隐柱兰。

附　　录

中 文 索 引

（按拼音顺序排列）

拉 丁 文 索 引

（按拼音顺序排列）

参 考 文 献

[1] 陈有民.园林树木学[M].北京:中国林业出版社,1990.

[2] 董丽.园林花卉应用设计[M].北京:中国林业出版社,2012.

[3] 董丽,包志毅.园林植物学[M].北京:中国建筑工业出版社,2013.

[4] 贺学礼.植物学[M].北京:科学出版社,2008.

[5] 李景侠,康永祥.观赏植物学[M].北京:中国林业出版社,2005.

[6] 刘奕清.观赏植物学[M].北京:中国林业出版社,2011.

[7] 刘燕.园林花卉学[M].2 版.北京:中国林业出版社,2009.

[8] 鲁涤非.花卉学[M].北京:中国农业出版社,1998.

[9] 芦建国.种植设计[M].北京:中国建筑工业出版社,2008.

[10] 芦建国,杨艳容,刘国华.园林花卉[M].2 版.北京:中国林业出版社,2016.

[11] 芦建国.花卉学[M].南京:东南大学出版社,2004.

[12] 马承慧.树木学实验教程[M].哈尔滨:东北林业大学出版社,2006.

[13] 马炜梁.植物学[M].北京:高等教育出版社,2015.

[14] 马金双.上海维管束植物名录[M].北京:高等教育出版社,2013.

[15] 秦路平,张德顺,周秀佳.植物与生命[M].北京:世界图书出版社,2017.

[16] 苏雪痕.植物造景[M].北京:中国林业出版社,1994.

[17] 童丽丽.观赏植物学[M].上海:上海交通大学出版社,2009.

[18] 王莲英,秦魁杰.花卉学[M].2 版.北京:中国林业出版社,1990.

[19] 汪远,马金双.上海植物图鉴:草本卷[M].上海:上海交通大学出版社,2016.

[20] 吴玲.湿地植物与景观[M].北京:中国林业出版社,2010.

[21] 许鸿川.植物学(南方本第 2 版)[M].北京:中国林业出版社,2008.

[22] 许玉凤,曲波.植物学[M].北京:中国农业大学出版社,2008.

[23] 臧德奎.园林树木学[M].2 版.北京:中国建筑工业出版社,2012.

[24] 赵世伟.园林植物种植设计与应用[M].北京:北京出版社,2006.

[25] 张德顺.景观植物应用原理与方法[M].北京:中国建筑工业出版社,2012.

[26] 张天麟.园林树木 1 600 种[M].北京:中国建筑工业出版社,2010.

[27] 朱筠珍.中国园林植物景观艺术[M].北京:中国建筑工业出版社,2015.

[28] 卓丽环,陈龙清.园林树木学[M].北京:中国农业出版社,2011.

[29] 吴征镒.中国植物志(全套)[M].北京:科学出版社,2017.

[30] 《中国大百科全书》编委会.中国大百科全书:建筑 园林 城市规划[M].北京:中国大百科
全书出版社,1988.

[31] 中华人民共和国商业部土产废品局,中国科学院植物研究所.中国经济植物志[M].北京:
科学出版社,2012.

[32] 上海科学院.上海植物志(上、下卷)[M].上海:上海科学技术文献出版社,1999.

[33] FRPS《中国植物志》[EB/OL]. http://frps. eflora. cn.

[34] 上海数字植物志[EB/OL]. http://shflora. ibiodiversity. net.